Der Hund als Spiegel der Seele

F&O

Der Hund als Spiegel der Seele

Silvia Hüllenkremer

Impressum

Bibliografische Informationen der Deutschen Nationalbibliothek
Die Deutsche Nationalbibliothek verzeichnet diese Publikation in der Deutschen Nationalbibliografie; detaillierte bibliografische Daten sind im Internet über http://dnb.d-nb.de abrufbar.

ISBN: 978-3-95693-022-5

Lektorat: Berenike Schaak
Grafisches Gesamtkonzept, Satz und Layout: Frank Petrasch
© Copyright: FRED & OTTO – der Hundeverlag / 2015
www.fredundotto.de

Alle Rechte, auch die des Nachdrucks von Auszügen, der fotomechanischen und digitalen Wiedergabe und der Übersetzung, vorbehalten.
Abbildungsnachweis: alle Bilder Silvia Hüllenkremer

Inhaltsverzeichnis

Einleitung 9

1 Mensch und Hund – Was unser Zusammenleben bestimmt 15

Geschichte der Hundeerziehung 15

Den Hund trainieren –
Ein Ausflug in die Lerntheorie 21

Hilfs- und Allheilmittel in der Hundeerziehung 41

Zentrale Themen zwischen Mensch und Hund 48
Dominanz 48
Führung 52
Hyperaktivität bei Hunden 53
Angst 58
Aggression 64
Emotionen und Gefühle 66

2 Der Hund als Spiegel 69

Über Spiegelungen von Mensch und Hund 69

Zentrale Themen bezogen auf Spiegelungen 85
Dominanz 86
Führung 89
Impulsivität / Hyperaktivität 95
Angst 98
Aggression 102
Emotionen und Gefühle 106

Praxis-Hilfe:
Mensch-Hund-Spiegelungen erkennen 113

3 Systemische und energetische Betrachtungsweisen in der Mensch-Hund-Beziehung — 117

Aspekte eines systemisch-ganzheitlichen Denkens — 117

Tier- und Familienaufstellungen — 122

Matrix (Quantenheilung) — 133

4 Interessante Erkenntnisse aus Wissenschaft und Forschung — 139

Vernetzung von Gefühl und Rationalität, Herz und Gehirn — 139

Spiegelungen aus biologischer Sicht: Spiegelneuronen — 145

Das Gedächtnis des Körpers – Beziehungen und Lebensstile steuern unsere Gene — 147

Warum sich Biochemie und Quantenphysik sinnvoll ergänzen — 150

Was die Seele stark macht – Einblicke in die Resilienzforschung — 152

5 Anwendungsbeispiele — 155

Begleitung für einen leichten Sterbeprozess — 156

Angst vor hellen Autos — 157

Angst vor Hunden — 159

Entscheidungen treffen können — 160

Fixierung und soziales Verhalten — 163

Histamin-Intoleranz (HIT) — 164

Hyperaktivität / Stress / Gedächtnisleistung — 166

Nähe und Distanz — 167

Psychosomatische Erkrankung des Hundes	168
Soziales Verhalten	169
Ausgleich in Herz und Gehirn durch Quantenheilung	170

Epilog 173

Danksagung 177

Anhang 181
Anmerkungen	181
Empfehlenswerte Literatur	187
Empfehlenswerte Web-Links	193
Über die Autorin	195

Einleitung

*„Im Grunde sind es doch die Verbindungen mit Menschen,
die dem Leben seinen Wert geben."*
Wilhelm von Humboldt

Haben Sie sich schon mal gefragt, ob ihr Hund ihre Stimmungen aufschnappt? „Natürlich", werden Sie sagen, Hunde gehören zur Familie und fühlen mit uns Menschen. Doch es ist viel mehr als das: Hunde können uns näher mit der Natur in Verbindung bringen. Wir bewegen uns mehr, haben mehr soziale Kontakte und wir genießen die Gesellschaft mit ihnen. Inzwischen ist bewiesen, dass Tiere für Menschen eine blutdrucksenkende Wirkung haben, ähnlich wie Meditation. Tiere können Herzrhythmusstörungen deutlich lindern wie weltweit in kardiologischen Instituten durch Forschungen belegt werden konnte. Das zeigt, dass Hunde und Menschen, auf besondere Art miteinander verbunden sind. Sie gehören zu einem gemeinsamen Familiensystem.
Die allgemeine Weltanschauung, dass Menschen und Tiere innerlich wie eine Maschine beeinflussbar sind, ändert sich zunehmend. Für viele Menschen ist es mittlerweile unumstritten, dass Hunde unsere innersten Gedanken und Gefühle wahrnehmen. So gibt es immer mehr Untersuchungen zu den Themen Emotionen bei Menschen und Tieren, Resonanzen, Spiegelungen oder Frequenzen. Einige aktuelle Forschungen, die ich in meinem Buch aufgreife, verdeutlichen diesen Trend und das große Interesse an diesen Wissensgebieten. Deshalb bieten immer mehr Tiertrainer zur praktischen Arbeit mit dem Hund auch Unterstützung in ganzheitlicher Form an. Es gibt zahlreiche Seminar- und Veranstaltungsangebote in diesem Bereich, die zeigen, dass sich die Sichtweisen zum Thema Hund und Mensch gerade in einem Wandel befinden.
Ich möchte Ihnen ein wenig näher beleuchten, wie wichtig die Ausgeglichenheit von unseren emotionalen

und rationalen Gehirnregionen ist und was wir tun können, um diese Ausgeglichenheit zu erlangen: Diese beeinflusst auch das Verhalten unserer Hunde. Der Schlüssel zu unserem emotionalen Gehirn liegt in der Art unserer Gefühlsbeziehungen mit unseren Familien, Freunden und Haustieren. Das klingt für Sie in diesem Moment vielleicht noch etwas abstrakt, ich möchte in meinem Buch jedoch näher auf diese Zusammenhänge eingehen. Denn: Der Schlüssel zu unserem emotionalen Gehirn ist gleichzeitig ausschlaggebend für die Lösung vielfältiger Probleme, die sich im Zusammenleben mit Hund und Mensch zeigen können.

Begriffe wie Dominanz, Führung, Hyperaktivität, Angst, Aggression oder Emotion und Gefühl spielen im Zusammenleben mit Hunden immer wieder eine Rolle. Auf diese Begrifflichkeiten gehe ich zunächst in Form von fachlichen Informationen und Beispielen aus dem Alltag ein, und nenne dann mögliche Beispiele für Spiegelungen zwischen Mensch und Hund. Vielleicht sind diese Informationen für Sie eine Hilfe, Spiegelthemen zu erkennen und die daraus gewonnen Erkenntnisse für sich zu nutzen. Bei all dem geht es vor allem um die wechselseitigen Reaktionen von inneren und äußeren Gedanken, Gefühlen und Handlungen, aber auch um eine klare Kommunikation, um Führung und Verantwortung sowie um eine Vertiefung der Beziehung zwischen Mensch und Hund.

Vielleicht haben sie über die Themen Seelenspiegel, systemische Betrachtung, Tier- und Familienaufstellungen oder die sogenannte Quantenheilung schon etwas gehört oder gelesen. Oder Sie können sich aufgrund von eigenen Erfahrungen bereits vorstellen, wie hilfreich das alles für Menschen und ihre Hunde sein kann. Vielleicht verbindet dieses Buch aber auch nur einige Sichtweisen und Ansätze für sie. Für viele Menschen sind diese Themen allerdings Neuland und ich hoffe, eine interessante Lektüre anbieten zu können, die einen nachvollziehbaren Einstieg in diese Sichtweisen bietet. An dieser Stelle sei

angemerkt, dass es in meinen Ausführungen nicht um die sogenannte Tierkommunikation geht, da bei der systemischen Aufstellungsarbeit psychologische Prozesse des sozialen Systems betrachtet werden.
Sie werden informative, rührende und lustige Erlebnisse und Geschichten aus unserem Alltag und unserer Hundeschule lesen können, die kleine Welten für diese Menschen und Hunde bewegt haben. So manche systemische Verstrickung bei Mensch und Hund, hat sich als Ursache für ein bestimmtes Verhalten herausgestellt. Für die jeweiligen Menschen hat es fühlbar und sichtbar die innere und äußere Welt verändert. Wenn sich beim Menschen die innere Haltung sowie die Art und Weise die Welt zu sehen verändert, macht das oft eine Verhaltensänderung erst möglich.
Die Umwelt, in der wir leben, verändert und beeinflusst uns 24 Stunden am Tag. Und genau diese Veränderungen beeinflussen eben auch das Verhalten und die Emotionen bei unseren Hunden. Unser Denken und Handeln in unserem Alltag zu hinterfragen, ist für unsere Entwicklung oft entscheidend, leider nehmen wir uns aber oft zu selten Zeit für uns selbst. Sonst würde es uns sicherlich leichter fallen, bisherige Ansichten loszulassen, damit wir eine Hand frei haben für neue Ansichten und neue Blickwinkel.
Ich würde mich freuen, wenn dieses Buch durch die ganzheitliche, systemische Betrachtung einiger Themen Tipps und Anregungen für Sie enthält, einen anderen Blickwinkel auf die Mensch-Hund-Beziehung zu erhalten. In unserer jetzigen Zeit verbinden sich so viele Wissenschaften, dass wir unfassbare Möglichkeiten haben, wenn wir die Erkenntnisse für uns nutzen. Was viele Menschen schon lange im Alltag wahrnehmen, wird nun erforscht und bietet uns wunderbare Möglichkeiten des Umdenkens. Es wird Zeit über den Tellerrand hinauszuschauen.
Am Ende des Buches finden Sie die jeweiligen Quellenangaben und eine Zusammenstellung empfehlenswerter

Literatur. Beurteilen Sie bitte selbst, was für Sie hilfreich ist. Nicht alles was ich schreibe, ist wissenschaftlich belegt und niemand kann das Rad neu erfinden oder hat den Knopf zum Abschalten. Vieles ist ein Prozess, der viele Bausteine braucht. Auch die Wissenschaft ist ein Prozess, der nie endet und immer in Entwicklung ist, es finden immer wieder neue Paradigmen statt, die wissenschaftliche Wahrheiten in Frage stellen und sich entsprechend erweitern.

Ich wünsche Ihnen in diesem Sinne eine gute Zeit beim Lesen und Nachdenken. An dieser Stelle möchte ich mich ebenfalls von Herzen für die vielen Leser meines ersten Buches bedanken, die mit ihren Rückmeldungen auch eine Motivation waren, dieses erweiterte zweite Buch zum Thema zu schreiben.

Silvia Hüllenkremer

1 Mensch und Hund –
Was unser Zusammenleben bestimmt

Geschichte der Hundeerziehung

> *„Wir sind nur ein kleines Teilchen eines Ganzen,*
> *aber jeder hat eine unendlich große Verantwortung."*
> Konrad Lorenz

In diesem Kapitel möchte ich auf die Geschichte der Erforschung von naturwissenschaftlichen Prozessen eingehen. Philosophie und Religion der vergangenen Jahrhunderte verbinden sich heute immer mehr mit naturwissenschaftlichen Erkenntnissen. So versuchen Menschen zunehmend, den vielen Geheimnissen der Natur auf die Spur zu kommen. Der Begriff Paradigmenwechsel bezieht sich auf den Wechsel von einer wissenschaftlichen Grundauffassung zu einer anderen Art der Weltanschauung. Solche Wechsel gab und gibt es in allen Bereichen der Wissenschaften. Viele Forschungen des letzten Jahrhunderts bilden die Basis für heutige Sichtweisen und spielen teilweise noch immer eine entscheidende Rolle im Zusammenleben und der Erziehung unserer Hunde. Wie wir früher mit Hunden umgegangen sind, wie vergangene Weltanschauungen den Umgang mit unseren Hunden beeinflusst haben und welche bahnbrechenden Informationen sich gerade zusammenfügen und so manche Möglichkeiten entstehen lassen, darum soll es in diesem Kapitel gehen. Da sich heute viele moderne wissenschaftliche Bereiche überschneiden, wird es schwierig, eine klare Abgrenzung zu ziehen. Aber genau das meint systemisches Denken: Unser Wissen vernetzt sich, viele Prozesse beeinflussen sich gegenseitig. Untersuchungen von menschlichen und tierischen Emotionen und Verhaltensweisen in einen Zusammenhang zu bringen sind heute kein Tabu mehr.

Nach meinen Recherchen wurden wohl die ältesten schriftlichen Quellen über die Ausbildung von Hunden bei den alten Griechen und Römern gefunden. Sie beschrieben im Wesentlichen einige Hinweise zur Erziehung von Jagdhunden. Hier ging es um Zurufe, Ausrüstung und die Einbeziehung des Hundecharakters beim Jagen.

Unter dem Pseudonym Friedrich Oswald brachte Friedrich Gotthold Peter Kunze im Jahre 1855 das Buch *Der Vorstehhund in seinem vollen Werthe dessen Parforce-Dressur ohne Schläge; seine Behandlung in guten und bösen Tagen* heraus. Dieses Fachbuch zählt zu den ersten Büchern über Hundeausbildung und der Titel verrät schon so einiges über die Art des Umgangs mit Hunden in der damaligen Zeit. Erst in den 1920er- und 1950er-Jahren wurden die Erkenntnisse der Verhaltensforschung bzw. der Erforschung des Lernens in die Ausbildung von Hunden miteinbezogen. Vereinfacht gesagt: Psychologen oder andere Forscher machten Versuche mit Tieren, deren Grundsätze sich heute sowohl im Hundetraining als auch in der menschlichen Psychologie wiederfinden.

Den Beginn machte hier der sogenannte Behaviorismus, dessen bekannteste Vertreter Iwan Petrowitsch Pawlow und die amerikanischen Forscher B. F. Skinner und B. Watson waren. Sie erforschten u. a. die sogenannte Reflexkettentheorie und insbesondere Pawlow führte Experimente mit Hunden zur klassischen Konditionierung durch. Er war im Grunde durch Zufall auf die Möglichkeit der Konditionierung gekommen, so beschäftigte er sich hauptsächlich mit dem Thema Verdauung und wollte mit seinen Versuchen lediglich die Produktion von Magensaft bei Hunden anregen. Aus verschiedensten Konditionierungsformen entwickelte später unter anderem B. F. Skinner die operante Konditionierung, die Lernen an Konsequenzen, durch positive und negative Verstärker, miteinbezog.

Dies kann man wohl als damaliges Paradigma der Hundeerziehung sehen. Dabei war der Behaviorist nicht an

den psychologischen Vorgängen interessiert, sondern untersuchte das Verhalten allein als Reiz und Reaktion. Bei der damaligen Sichtweise des Behaviorismus wurde davon ausgegangen, dass Emotionen zwar da sind, aber nicht beobachtbar und in Studien nicht nachweisbar sind, bezogen auf das aktive Verhalten. Heute haben sich in einigen Bereichen des Behaviorismus diese Ansichten differenziert. Wenn man bedenkt, wie klar für die meisten von uns heute die gegenseitige Beeinflussung von Gefühlen und Bedürfnissen von Menschen und Tieren sind, ist diese Sichtweise natürlich begrenzt, sie ist aber eine wichtige Basis für heutige weitere Entwicklung.
Im Gegensatz dazu hat schon in den 1930er-Jahren der amerikanische Neurologe und Psychiater Kurt Goldstein im Ersten Weltkrieg herausgefunden, dass im Organismus keine isolierten Reiz-Reaktions-Vorgänge stattfinden. Er war damals aufgrund seiner Arbeit mit hirngeschädigten Soldaten der Ansicht, dass der Organismus immer als Ganzes reagiert. Er gilt als Pionier der Neuropsychologie und der Psychosomatik. Auch der Sozialpsychologe Kurt Lewin wandte sich gegen den klassischen Behaviorismus. Er gilt als Begründer der Erziehungsstilforschung, Gestalttheorie und der Feldtheorie, bezogen auf das menschliche Verhalten. Er führte in den 1930er-Jahren Experimente zu den Wirkungen unterschiedlicher Führungsstile auf das Leistungsverhalten von Jugendgruppen durch.
Zu den Ansichten des Behaviorismus entwickelte sich in den 1960er-Jahren die Erforschung von Denk- und Verarbeitungsprozessen (Kognitivismus) und die Erforschung der Wahrnehmung bezogen auf Wirklichkeitskonstruktionen (Konstruktivismus), der das innere Erleben mit einbezog. Man erforschte das Lernen durch Einsicht und berücksichtigte, dass sich neu Erlerntes an vorhandenem Wissen orientiert. Eine bekannte Persönlichkeit ist der britische Psychologe und Professor für experimentelle Psychologie Frederic C. Bartlett. Er war einer der Vorreiter im Bereich der Kognitionspsycholo-

gie, der Wahrnehmung, Denken, Lernen, Motorik und Sprache miteinbezog. Hier ist die Verbindung zur heutigen Neurowissenschaft zu finden.

Die Verhaltensbiologie oder auch Verhaltensforschung ist eine Teildisziplin der Biologie und erforscht das Verhalten der Tiere, einschließlich des Menschen. Der bekannteste Vertreter der klassischen vergleichenden Verhaltensforschung (Ethologie) ist sicherlich der Zoologe Konrad Lorenz, der beginnend in den 1930er-Jahren ethologische Forschungen betrieb. Manch einer spricht von ihm gar als „Einstein der Tierseele". Er selbst prägte vor allem den Begriff der Tierpsychologie, der innerhalb der Verhaltensbiologie ein eigenständiges Forschungsgebiet darstellte und durch sein Engagement an deutschen Hochschulen etabliert werden konnte. Auch der seinerzeit bekannteste Wolfsforscher und Kynologe Erik Zimen ist an dieser Stelle zu nennen, der sich sehr intensiv mit dem Verhalten von Wölfen und Haushunden beschäftigte. Zu dem Verhältnis von Menschen und ihren Hunden kommt er in seinem Buch *Der Hund* zu folgendem Schluss: „*Vielleicht wünschte ich manchmal, statt des Hundes gestreichelt zu werden. Vielleicht meint der oder besser diejenige, die meinen Hund liebkost, eigentlich mich damit. Wie auch immer, sicher dient der Hund als soziales Ersatzobjekt in einer Vielzahl uns gar nicht mehr bewusst werdender Situationen des alltäglichen Lebens.*"[1] Wenn man bedenkt, dass das Buch erstmals 1992 erschienen ist, wird die rasante Entwicklung unserer Ansichten zur Hundehaltung im letzten Jahrhundert deutlich.

So beschäftigt sich die moderne Verhaltensforschung beispielsweise mit der Frage, welche sozialen Kompetenzen Hunde im Zusammenleben mit uns haben und was sie erkennen und deuten können. Forscher sind heute der Meinung, dass die Intelligenz von Hunden größer ist, als bisher angenommen: Moderne Verhaltensforschung untersucht beispielsweise, welche sozialen Kompetenzen Hunde im Zusammenleben mit uns haben. Forscher sind der Meinung, dass Hunde ähnliche

Fähigkeiten haben, Kommunikationssignale zu verstehen wie 6 Monate bis 2 Jahre alte Kinder.[2] Die nonverbale Kommunikation von Menschen ist anders als die der Hunde untereinander. Somit ist bei der artübergreifenden Kommunikation ein Lernen von beiden Seiten notwendig.

Die Zeit in der wir alle glaubten, „Sitz-Platz-Fuß" ist die Lösung in der Hundeerziehung, geht so langsam vorbei. Auch beim Lernverhalten von Kindern wird mehr und mehr festgestellt, das Lernen und Entwicklung von mehr Faktoren beeinflusst werden als uns bisher bewusst war. In Studien und Forschungen stellt sich zunehmend heraus, dass Menschen und auch Tiere einige uns bewusste und unbewusste Emotionen fühlen und alle jeweils wechselseitig darauf reagieren.

Auch andere Forschungszweige bilden bei Fragen des Zusammenlebens mit Tieren eine Rolle. So bezieht man sich in der Verhaltensbiologie auf feinstoffliche Prozesse, die verschiedene Einflüsse auf Zellebene, zum Beispiel aus den Bereichen Biologie oder Genetik, miteinander in Verbindung bringen. Die hier gewonnenen Erkenntnisse werden dann auch beim Lernverhalten von Menschen und Hunden berücksichtigt. Daraus entwickelte sich beispielsweise die Neurobiologie, die das Nervensystem auf Zellebene erforscht. Aus der Physik wiederum ging die heutige Quantenphysik hervor, die auch die gegenseitige Beeinflussung von Atomen und Molekülen untersucht.

Viele Wissenschaften verbinden sich in der heutigen Zeit mit philosophischen und spirituellen Gedanken. Ein wunderbares Beispiel ist dies: Im *Mind & Life Institute* (siehe Anhang S. 194) in Massachusetts kommen seit 2003 regelmäßig buddhistische Gelehrte, darunter der Dalai Lama, sowie namhafte Neurowissenschaftler, Kognitionswissenschaftler und Psychologen, Mediziner und Physiker zusammen. Initiator des Mind-and-Life-Dialogs war der Neurowissenschaftler Francisco Varela. Die Teilnehmer tauschen sich über Fragen der Erziehung von Kindern, die Wirkung von Meditation auf das Gehirn oder zum Beispiel über die Frage nach den Möglichkeiten für Glück und Empathie auf wissenschaftlichem Niveau aus.

Auch unsere Hunde können Empathie empfinden, die dafür zuständigen Spiegelneuronen sind auch bei Tieren gefunden worden, ich gehe später noch genauer darauf ein. Einige moderne Neurobiologen leiten aus aktuellen Forschungen tiefere Überlegungen über unser Zusammenleben ab, da bekanntlich unser Gehirn alles andere als eine Maschine ist. Ein prominenter Vertreter ist beispielsweise Gerald Hüther, der in seinem Buch *Etwas mehr Hirn bitte* sehr treffend zusammenfasst: „*Es geht also darum, ein sich global verbreitendes und sich im Gehirn aller Menschen verankerndes inneres Bild zu finden, das zum Ausdruck bringt, worauf es im Leben, im Zusammenleben und bei der Gestaltung der Beziehungen zur äußeren Welt wirklich ankommt: auf Vertrauen, auf wechselseitige Anerkennung und Wertschätzung, auf das Gefühl und das Wissen, aufeinander angewiesen, voneinander abhängig und füreinander verantwortlich zu sein.*"[3]

Selbst in unserer modernen westlichen Welt, die sehr stark durch Rationalität geprägt ist, gibt es immer wieder Menschen, die insbesondere im Zusammenleben mit ihren Hunden ganz intuitiv die Naturgesetze anwenden. Sie scheinen intuitiv zu wissen, wie sie mit ihrem Hund umgehen müssen, damit das ganze Familiensystem gut miteinander auskommt. Sie haben offensichtlich nie irgendwelche Probleme oder suchen sich entsprechend Hilfe oder sie lösen bestehende Probleme, indem sie ganz einfach wissen, was in der entsprechenden Situation zu tun ist. In der Regel sind sie auch gut in der Lage, neue Möglichkeiten für sich nutzbar zu machen. Warum das bei jemandem so ist und ob diese Fähigkeiten erlernbar sind, ist Gegenstand der Resilienzforschung. Diese wiederum eröffnet auch auf Hunde bezogen einen neuen Blickwinkel auf Wesen und Erziehung.

Im Zusammenleben mit unseren Hunden tauchen immer wieder Begriffe auf wie Aggression, Angst, Dominanz, Hyperaktivität, Führung oder Emotion und Gefühl. Wir

fragen uns oft, was hier wen beeinflusst, da diese Begriffe im Zusammenleben von Menschen ebenfalls eine Rolle spielen. Ein Ziel in der ganzheitlich-systemischen Betrachtung ist es, den ein oder anderen Knoten zu lösen und im wahrsten Sinne des Wortes Licht ins Dunkle zu bringen bei der Frage, was hier mit wem wie in Verbindung steht. Auch diese Sichtweisen finden mehr und mehr im Hundetraining Beachtung. Es geht bei systemischer Betrachtung nicht um richtig oder falsch, und auch nicht um Schuld, sondern um das Bestreben, für alle Mitglieder von Systemen gute Lösungen finden können.
Die Entwicklung von Lebewesen macht eben sehr viele Faktoren aus und ist ein Prozess in ständiger Bewegung. Dabei sind die Einheiten, die Menschen inzwischen erforschen, im Grunde immer kleiner geworden, gleichzeitig finden mehr und mehr Spezialisierungen statt. Die Vernetzung dieses Wissens ist eine Entwicklung mit unglaublichen Möglichkeiten, wenn man bedenkt, dass körperliche und seelische Erkrankungen auf der ganzen Welt rasant angestiegen sind. All das betrifft auch den Umgang mit unseren Hunden, die als hochsoziale Lebewesen mit uns in einem Familiensystem leben.

Den Hund trainieren – Ein Ausflug in die Lerntheorie

„Lernen besteht in einem Erinnern von Informationen, die bereits seit Generationen in der Seele des Menschen wohnen."
Sokrates

In allen Bereichen des Lebens erschließt sich für viele Menschen mehr und mehr die Frage, welchen Anteil man selbst an bestimmten Reaktionen im eigenen Umfeld hat. Auch im Training von Hunden wird zunehmend einiges hinterfragt. Dabei wäre ein wertfreier, nicht von Emotionen überladener Austausch wünschenswert, wie er gerade auf vielen wissenschaftlichen Gebieten weltweit stattfindet. Nur gemeinsam und wertfrei finden wir zu Lösungen, die für alle Systeme einen anderen Blickwinkel eröffnet. Im Folgenden möchte ich über die in der Hundeszene aktuell diskutierten Erziehungsstile von Hunden zum Nachdenken anregen.

In der Lerntheorie der behavioristischen Lernpsychologie wird zwischen den Begriffen Belohnung und Strafe unterschieden. Dabei soll eine Belohnung dazu führen, dass das entsprechende Verhalten in der Zukunft öfter auftritt. Eine Strafe hingegen soll das entsprechende Verhalten hemmen. Die Verwendung der Begriffe „positiv" und „negativ", führt jedoch oftmals zu Wertungen. Mit dem Wort „positiv" ist nicht etwa „gut" gemeint, sondern schlicht, dass etwas hinzugefügt wird oder beginnt. Mit „negativ" ist nicht „schlecht" gemeint, sondern, dass etwas weggenommen wird oder aufhört.

Training mit dem Hund wird im lerntheoretischen Sinn so definiert:
- Positive Strafe: Ein unangenehmer Reiz wird hinzugefügt. (Ein Verhalten soll weniger auftreten)
- Negative Strafe: Ein angenehmer Reiz wird entzogen. (Ein Verhalten soll weniger auftreten)
- Negative Verstärkung: Ein unangenehmer Reiz wird entzogen. (Ein Verhalten soll verstärkt werden).
- Positive Verstärkung: Ein angenehmer Reiz wird hinzugefügt. (Ein Verhalten soll häufiger auftreten)

Natürlich gibt es unzählige komplexe Konditionierungsformen, denen wir in unserem Alltag ausgesetzt sind, oder die wir, zumeist unbewusst, auch selbst anwenden. Zum Beispiel kennt jeder von uns die Effekte, die eine bestimmte Werbung bei uns auslöst. So wirkt Konditionierung beispielsweise auch in Supermärkten, indem günstigere Produkte meist nicht in Augenhöhe plaziert sind, und wir uns bücken müssen um sie zu erhalten. Arbeitet man im Hundetraining nach den Grundsätzen

der Lerntheorie vorwiegend mit positver Verstärkung, stellt sich die Frage, was man tun kann, wenn es in einer Situation nichts gibt, was bestärkt werden kann. Hinzu kommt, dass in bestimmten Situationen unerwünschtes Verhalten sogar verstärkt werden kann. Hierzu zwei Beispiele:
Ein Halter und/oder sein Hund sind gerade sehr aufgeregt. Der Mensch, weil er vielleicht gerade Bedenken hat, etwas falsch zu machen, der Hund, weil er sich in einer Situation befindet, die ihn überfordert. Doch der Mensch hat sich vorgenommen, seinem Hund das Kommando „Sitz" beizubringen. Unbewusst bringt man seinem Hund in diesem Kontext jedoch bei, dass „Sitz" mit Aufregung zu tun hat. Oft ist das auch bei Hunden zu beobachten, die sich an der Haustür sehr aufregen, wenn es klingelt, wenn die Gassirunde ansteht oder die Kofferraumklappe aufgeht. Viele Halter bringen den Hund ins „Sitz" oder „Platz" oder sagen „Warte", die konditionierte Aufregung wird dabei stets mit abgerufen und spätestens nach dem Aufheben des Kommandos schießt der ein oder andere Hund nach vorne. Hunde, die hier hecheln, fiepen, bellen oder nervös sind, haben sich zwar vielleicht hingesetzt, aber sind dabei innerlich so aufgeregt, dass sie einfach explodieren müssen. Diese Aufregung überträgt sich nicht selten auf den gesamten Spaziergang und die jeweilige Umgebung. Ginge es dem Menschen hier mehr um eine grundsätzliche Entspannung als um die Ausführung eines bestimmten Kommandos, würde sich in den oben genannten Situationen sicherlich ein anderes Ergebnis zeigen können. Oder: Ihr Hund läuft einem Vogel oder Hasen hinterher und Sie belohnen ihn, wenn er zu Ihnen zurückkommt. Ungünstig ist nur, dass dieser Hund in diesem Moment einem laufenden Cocktail aus Hormonen (z. B. Dopamin) gleicht und sie ihn für diesen inneren Status bestätigen. Natürlich spielt auch immer die innere Haltung von uns selbst eine Rolle und beeinflusst das, was Hunde damit in Verbindung bringen. Wenn wir uns also nicht wirklich ehrlich über etwas freuen, oder inner-

lich aufgeregt oder angespannt sind, ist das für Hunde spürbar, ganz gleich wie und mit was wir unsere Hunde bestätigen. Viele Mehrhundehalter wissen, dass in gut geführten Hundegruppen auch andere Reaktionen von Hunden untereinander stattfinden. Je nach Situation und Charakterstruktur der jeweiligen Hunde wird da kaum ein Zurückkommen bestätigt. Beobachtbar ist auch, dass innerhalb der Struktur einer Gruppe zum Wohl der Gemeinschaft dafür gesorgt wird, dass ein sinnloses und gefährdendes Jagen nicht stattfindet. Die Frage ist, was hier angemessen, sinnvoll und artgerecht ist. Wenn Hunde gelernt haben, bestimmten Bewegungsreizen immer und überall nachgehen zu können, überträgt sich dieses Lernverhalten möglicherweise auch auf den Vogel oder den Hasen. Bei Beschäftigungsmöglichkeiten wie Reizangel, Ballspielen oder ähnlichem kann sich der Umgang mit diesen von Hunden wahrgenommenen Bewegungen auch beispielsweise auf Wild übertragen. Bewegungsreize können somit unkontrollierbar oder auch bedingt steuerbar für Hunde werden. Die entscheidende Frage ist, ob Hunde mit diesen Beschäftigungsmöglichkeiten im Hetz- und Beutetrieb bestätigt, oder diese zum Erlernen von Impulskontrolle eingesetzt werden. Ein wichtiger Faktor ist auch, welchen Stresslevel der Hund mit solchen Beschäftigungen verknüpft.

Zu einer verantwortungsvollen Sichtweise von Hundehaltern gehört auch, ganz bewusst darauf zu achten, dass Hunde auf Feld- und Waldwegen bleiben. Der Stresslevel für Wild, das von Hunden gehetzt wird, ist hier enorm. Jäger und Landwirte sind meiner Meinung nach berechtigt alarmiert bei manchen Antworten von Hundehaltern, die ihre Hunde achtlos laufen lassen. Die Beschädigung und Gefährdung der Natur und des Wildes führt letztlich für alle Hundehalter zu immer mehr Einschränkungen, die sicherlich wegen einiger achtloser Hundehalter in immer mehr Gesetzen verankert werden.

Ein Faktor ist auch, dass es uns nicht möglich ist, uns nicht zu verhalten. Wir verhalten uns alle immer auf irgendeine Art, was unsere Umgebung entsprechend beeinflusst. Selbst, wenn wir etwas nicht beachten oder ignorieren, wird das von anderen bewusst oder unbewusst wahrgenommen. Etwas zu ignorieren, kann auch eine Form der Konditionierung bewirken, die bewusst oder unbewusst von uns eingesetzt wird oder entsteht. Alles löst etwas aus, so ist ein Nichtentscheiden, also keine Entscheidung zu treffen, ja bereits eine Entscheidung, die entsprechende Konsequenzen hat. Und auch dafür sollten wir Verantwortung übernehmen.

Wie emotionale Zusammenhänge und Konditionierungen miteinander in Verbindung stehen, bringt der US-amerikanische Verhaltensforscher James O´Heare sehr deutlich in seinem Buch *Das Aggressionsverhalten des Hundes* zum Ausdruck: *„Andererseits muss man auch wissen, dass im realen Leben, wo man es mit komplexen emotionalen Zusammenhängen zu tun hat, klassische Konditionierung nur schwer umgekehrt werden kann. Wenn ein Hund auf etwas furchtsam reagiert und Kampf oder Flucht ausgelöst wird, dann lässt sich diese emotionale Reaktion nur sehr schwer verändern. Gibt es etwas, vor dem Sie Todesangst haben? Nehmen wir an, ein Bankräuber hält ihnen eine Pistole an den Kopf und löst damit eine Angstreaktion aus. Womit könnten sie diese Situation nun kombinieren, damit ihre emotionale Reaktion darauf angenehm ausfällt? Wie oft müssen beide Dinge gleichzeitig auftreten, bis sich ihre emotionale Reaktion ändert?"*[4]

Der aktuelle Streit und die Lagerbildung in der Hundeszene ist bezeichnend für den bis heute grundlegenden Streit, der in verschiedenen Ansichten und Lehrmeinungen auch in der Psychologie und Erziehung von Menschen stattfindet. Die einen meinen, dass ein Hund nur durch Strenge und Autorität erzogen werden kann, andere drängen anklagend auf einen ausschließlich nur positiven Umgang mit Hunden und definieren andere Methoden als Gewalt, oder Verherrlichung der Dominanztheorie. Wieder andere wählen den Weg zwischen den beiden Polen und versuchen, differenzierter und mehr und mehr ganzheitlich zu denken.

Wir Menschen machen in unserem Leben nicht nur positive Erfahrungen. Aber sind es nicht oftmals gerade die unschönen und schwierigen Ereignisse und Momente, die uns aufhorchen lassen, die uns letztlich stärken und uns die Chance geben, uns weiterzuentwickeln? Wie sollten wir sonst lernen mit den Anforderungen des Lebens zurechtzukommen? So vieles beeinflusst uns in unseren Emotionen, ob bewusst oder unbewusst, und das wiederum hat Auswirkungen auf die Emotionen und das Verhalten unserer Hunde. Rein „technische" Lösungen sind daher kaum erfolgversprechend, sind wir – und genauso unsere Hunde – doch soziale Wesen mit hochkomplexen Strukturen und eben keine Roboter oder Maschinen.

Ich finde diese Diskussionen wichtig, denn sie führen zunehmend zu einer Differenzierung einer „ausschließlich positiven" oder „ausschließlich autoritären" Herangehensweise sowie der Differenzierung einer mehr oder weniger „emotional-wertenden" Beurteilung. Auch der über Deutschlands Grenzen hinaus bekannte Hundeexperte Thomas Baumann tritt schon seit vielen Jahren für eine Hundeerziehung ein, die sich sowohl von der zwanglosen als auch von der zwangsbetonten Erziehung deutlich abgrenzt. In seinem Buch *... damit wir uns verstehen – Die Erziehung des Familienhundes* wird seine Haltung deutlich: „*Wer sich einmal grundlegende Gedanken zur Verhaltenssteuerung von Hunden gemacht hat und dazu noch über eine gehörige Portion an Erfahrung verfügt, wird sehr wohl die Möglichkeiten und Grenzen der sogenannten zwanglosen Erziehung und Ausbildung bei Hunden realistisch einschätzen. Eine realistische Einschätzung wiederum führt zu dem Ergebnis, dass es in fast allen Erziehungsfällen überhaupt nicht zwanglos zugehen kann, weil der ethologisch vorgeformte Charakter unserer Hunde dafür in keiner Weise geschaffen ist.*"[5]

Thomas Baumann gibt in seinem Buch ehrliche und übersichtliche Informationen zu den verschiedenen Konditionierungsformen, die es doch manchmal – und das zeigt sich gerade in der Praxis – zu überdenken gilt.

Der Alltag mit unserem Hund sieht oft anders aus, als wir uns das gerne wünschen. Viele Hundehalter sind überfordert, wenn ihr Hund beim Anblick eines anderen Hundes wild in die Leine springt und sich trotz Leckerli-Ablenkungsversuche und gut gemeinten freundlichen Zureden kaum davon abhalten lässt. Verständlicherweise finden dies viele Menschen peinlich oder sind genervt, was ein klares Auftreten der Umwelt und dem Hund gegenüber schwierig macht. Diese Emotionen sind in der Kindererziehung ebenfalls bekannt.

Die Frage nach dem Warum, also der Ergründung möglicher Ursachen für ein bestimmtes Verhalten bei Mensch und Hund, kann unterschiedliche Lösungswege aufzeigen. Für alle Beteiligten wirklich erfolgversprechend kann es jedoch nicht sein, den Fokus nur darauf zu legen, ein bestimmtes, störendes Verhalten einfach nur „wegmachen" zu wollen. Hinzu kommt noch, wie aus der menschlichen Psychologie bekannt ist, dass sich über Lerntherapien alleine zwar teilweise alternatives Verhalten trainieren lässt, doch wenn die Ursachen nicht aufgelöst werden, es meist zu einer Verlagerung von Symptomen kommt. So kann ein Hund durch einige Maßnahmen zwar an der Leine ruhiger werden, er „explodiert" aber womöglich an einer anderen Stelle als Reaktion auf manch ungelöste Ursache. Es ist zum Beispiel ein gravierender Unterschied, ob ein Hund für das Zurückkommen zum Halter an der Leine belohnt wird (Konditionierung), oder das Ziel ist, dass der Hund nicht erst vorläuft (Führung). Soll er sich an uns orientieren, oder beim Zurückkommen, wenn die Leine das Ende erreicht hat, eine Belohnung abholen?

Die Zusammenhänge sind für einen geübten Blick eines Trainers oft gut zu erkennen, als Hundehalter hingegen fehlt einem selbst oft die wertfreie Einschätzung von außen. So kann auffälliges Verhalten an der Leine viele

Gründe haben. Eine ganzheitliche Betrachtung sollte auf mögliche Ursachen eingehen.

Ein solcher Hund könnte:

- sehr aufgeregt sein oder allgemein eine niedrige Reizschwelle haben
- sehr stark auf Bewegungsreize ausgerichtet sein
- frustriert sein, nicht Kontakt zu einem anderen Hund aufnehmen zu können, er kann diesen Frust nur schwer aushalten
- unsicher, ängstlich oder traumatisiert sein
- territorial motivierte Gründe haben (zumindest in dem Moment)
- der Meinung sein, er müsste den Menschen beschützen
- der Meinung sein, Verantwortung für den Menschen und sein Familiensystem übernehmen zu müssen
- einen aus verschiedenen inneren Gründen hohen Stresslevel haben

Können wir, und das ist entscheidend, nicht angemessen aktiv handeln und die Situation im wahrsten Sinne des Wortes in die „Hand" nehmen, wird jemand oder etwas anderes entscheiden. Das heißt, werden wir nicht aktiv, übernimmt ein anderer Hund, ein anderer Hundehalter, der Jäger oder der Straßenverkehr etc. die entsprechenden Konsequenzen.

Lern- und Verhaltensforschung bei Hunden orientiert sich immer wieder an den Erkenntnissen aus der menschlichen Psychologie oder umgekehrt. Es gibt hier sehr aufschlussreiche Studien, die in diesem Zusammenhang interessant sind. So erforschte man beispielsweise die Konsequenzen, die es hat, wenn man Schüler und Studenten ausschließlich über Geld motiviert:

So fand der US-amerikanische Harvard-Ökonom Roland G. Fryer in Experimenten heraus, dass das eigentliche

Lernen mit Hilfe solcher Motivationen nur noch als Nebensache und Mittel zum Zweck wahrgenommen wird. Die Studenten, denen eine Prämie für gute Abschlüsse geboten worden ist, bezogen ihre Motivation nur noch aus der Aussicht auf die Prämie.

Andere Studien, wie die von Richard Ryan von der Universität von Rochester in New York, ergaben, dass für Menschen, deren Motivation allein auf finanziellen und materiellen Werten beruht, andere Menschen oft nur Mittel zum Zweck sind.

Die Frage bleibt offen, wie sich diese Schüler und Studenten fühlen, wenn kein guter Abschluss gelingen würde. Wer fragt danach, ob das angestrebte Lernziel zum Beispiel auch der Neigung und Veranlagung dieser Menschen entspricht? Wo führt es uns und unsere Hunde hin, wenn nur noch „richtiges" Verhalten belohnt wird und wer entscheidet überhaupt aus welchen Gründen über richtig oder falsch? Und wo bleibt die Freude am Lernen als Motivation?

Die Psychologen Mark Lepper und David Greene von der Stanford Universität haben herausgefunden, dass sich bestimmte Arten der Belohnung geradezu zerstörerisch auf die Motivation auswirken können: insbesondere Belohnungen mit positivem Anreiz, die bestimmte Verhaltensweisen bestärken und bei denen negative Sanktionen nicht erfolgen (monetär). Dieser Effekt wird auch als Korruptionseffekt bzw. Korrumpierungseffekt bezeichnet und meint die Verdrängung der Motivation aus Spaß, Interesse und Erkundungsverhalten (intrinsisch). Die Motivation durch positive und negative Verstärkung (extrinsisch), also dem Handeln aufgrund von Belohnungen, die außerhalb der Tätigkeit liegen, reduziert dann das ursprünglich gerne und freiwillig bezeigte Verhalten.

Der extrinsischen Motivation steht dagegen der Wunsch im Vordergrund, bestimmte Leistungen zu erbringen, weil man sich davon einen Vorteil (Belohnung) verspricht oder Nachteile (Bestrafung) vermeiden möchte.

In der kognitiven Evaluationstheorie wird beispielsweise untersucht, unter welchen Bedingungen Belohnungen ein erhöhtes Ausmaß an Verhaltenskontrolle erreichen können, und wann sich Belohnung negativ auf Motivation auswirkt. Eine Sichtweise ist zum Beispiel, dass bei nicht erwarteten Belohnungen der negative Effekt des Motivationsabbaus nicht festgestellt werden konnte. Wenn also jemand für eine Tätigkeit, die er ohnehin schon gerne ausübt, zusätzlich belohnt wird, dann ist er anschließend weniger motiviert, dieser Tätigkeit wieder ohne Belohnung nachzugehen. Soziale Kompetenz in Form von zum Beispiel verbalen Belohnungen wird stärker mit Anerkennung verknüpft und weniger als kontrollierend. Natürlich wird auch diese Sicht von Seiten der Verhaltensforschung kritisiert und das ist auch gut so, weil sich beide Forschungsbereiche ergänzen.
Sollen wir daher nicht im Zusammenleben mit unseren Hunden die Hintergründe, die Notwendigkeit und Art und Weise von Belohnung und Bestätigung mehr hinterfragen? Warum muss man zum Beispiel etwas positiv belegen, es „markern", wenn es doch gleichzeitig ein Verzicht von etwas bedeutet? Wo bleibt hier die Auseinandersetzung mit dem Konflikt, die unsere Partner, Freunde, Kinder und Hunde als Klarheit brauchen sowie als Orientierung an sozialen Notwendigkeiten? Charlie Chaplin bringt es auf den Punkt: „*Wir brauchen uns nicht weiter vor Auseinandersetzungen, Konflikten und Problemen mit anderen oder uns selbst zu fürchten, denn sogar Sterne knallen manchmal aufeinander und es entstehen neue Welten. Heute weiß ich, das ist Leben.*"[6]
Unser persönliches Lebenskonzept bestimmt, von was wir die Nase voll haben, was wir verdrängen und vermeiden, was uns bremst, aufregt oder was wir auf andere übertragen. Es bestimmt, wofür unser Herz schlägt, was wir wahrnehmen und was wir aussenden. Dieses Lebenskonzept von uns ist beeinflusst durch die Solidarität mit unserem Familiensystem, unseren Glaubenssätzen und unserer Lernerfahrung aus unserer Umwelt. All das

beeinflusst direkt oder indirekt unser Verhalten und das unserer Hunde, sowie die Art wie wir alle lernen. Je mehr Herausforderungen ganzheitlich betrachtet werden, je mehr Veränderung wird selbstbewusst und authentisch möglich, weil alle Faktoren miteinbezogen werden. Auch Hunde bekommen von ihrer Umwelt keinesfalls nur positive Antworten und sicher nicht immer das, was sie wollen. Warum also wird in der Beziehung von Mensch und Hund so viel Wert auf ein Bestätigungs- oder Belohnungssystem gesetzt – und das in manchen Situationen ganz klar auf Kosten einer ehrlichen sozialen Kommunikation? Das eine Belohnung in bestimmten Situationen durchaus sinnvoll und förderlich sein kann, steht außer Frage.

Ein Beispiel: Es ist ein gravierender Unterschied, ob sich ein Hund entspannt auf eine Decke legt, weil ihm vermittelt wird, dass die Couch in diesem einen Moment nicht angesagt ist oder ob ein Hund nur von der Couch geht, weil er etwas dafür bekommt. Ein klares Nein sollte hier vom Hund akzeptiert werden und ist auch alles andere als dominant oder aversiv. Wenn diese recht einfache Situation in ruhiger Umgebung schon zum Problem aufgebauscht wird, was passiert, wenn es einmal wirklich um etwas geht? Wie würden wir alle miteinander umgehen, wenn jeder Mensch gleich ausrasten würde, wenn er einmal nicht seine Wünsche erfüllt bekommt, oder sich vielleicht abgelehnt fühlt, weil etwas anderes gerade Vorrang hat?

Jede Betrachtung, sobald sie die Mitte verlässt, ist mehr oder weniger einseitig. Wenn wir anfangen, über den Tellerrand zu denken, um unsere eigene Motivation für unser Verhalten zu hinterfragen, können wir auf hilfreiche Antworten kommen. Vor allem auf Antworten, die uns selbst miteinbeziehen und das ist mehr als fair, insbesondere unseren Hunden gegenüber. Wir alle sind mehr oder weniger damit aufgewachsen, dass uns unser Umfeld oder die Gesellschaft Regeln auferlegt hat, ohne sich selbst dabei zu hinterfragen. Dagegen haben wir

vielleicht selbst oft ohne Erfolg blockiert, uns ungerecht behandelt gefühlt und nicht wenige Menschen versuchen nun, ihren Hunden ein Leben ohne Regeln zu ermöglichen. Dass das nicht grundsätzlich funktioniert oder zumindest Folgen hat, sollten wir ehrlich erkennen, damit auch unsere Hunde ehrliche Orientierung bei uns finden können.
Ganzheitlich-systemische Betrachtung von Menschen und Hunden bedeutet, zu schauen, wo eigene Vorstellungen oder Emotionen übertragen werden und an welchen Stellen Grenzen überschritten werden, sei es die von anderen Menschen, Familienmitgliedern oder den Hunden selbst. Aber auch, wie Menschen ihre Ressourcen nutzen können, um – ohne Schuldzuweisung – mit Gefühl und Empathie fair und angemessen handeln zu können. Gewalt ist nie eine Lösung, angemessen und wichtig ist es jedoch, seinem Hund gegenüber klar aufzutreten und Entscheidungen zum Wohle der Gemeinschaft zu treffen, um diese letztlich auch schützen zu können.

Für mich und meine Kunden habe ich im Zusammenhang mit Hunden folgende Leitsätze zusammengefasst, vielleicht finden Sie diese auch für sich hilfreich:

- So liebevoll wie möglich aber auch so klar wie nötig.
- Sie können Ihrem Hund all das erlauben, was Sie ihm ohne Stress verbieten können.
- Ein faires und klares angemessenes Nein aus ehrlichen Beweggründen ist authentisch und verhindert viel Leid und unnötige verunsichernde Diskussionen. Und bekanntlich kann oft erst ein klares Nein ein entspanntes Ja an anderer Stelle ermöglichen.

Als unser ältester Hund noch lebte, konnten wir erleben, wie souverän und ruhig dieser oft unseren heute dreijährigen, noch schnöseligen Rüden geführt hat. Es brauchte nur einen Blick vom „Chef" und er hat sich, wenn sein

Handeln unangemessen war, in seiner Absicht zurückgenommen und konnte sich schnell wieder entspannten. Dieser Blick wurde immer erst dann vom „Chef" weggenommen, wenn unser Jüngster sich wirklich entspannte und die gesetzte Grenze akzeptierte, und nicht nur, weil er mit etwas aufhörte, was dabei sehr entscheidend ist. Grundsätzlich hatte der Kleine aber immer erstaunlich viele Freiheiten. Wir haben immer belustigt gesagt, dass sich unser „Chef" bestimmt erinnern kann, selbst einmal jung gewesen zu sein.

Eine weitere kleine Geschichte aus unserem Alltag, die sich zwischen unserem Jüngsten und unserer Hündin abspielte, veranschaulicht sehr gut, dass es für Hunde etwas ganz Normales ist, dem anderen klare und unmissverständliche Ansagen zu erteilen. Ein Nein ist ein Nein und sollte so kommuniziert werden, dass es der andere auch als solches versteht. Ich gab jedem Hund eine Kaustange, womit sich beide ins Wohnzimmer verzogen. Unser Jüngster war wie immer früher fertig und ging, in der Hoffnung etwas abstauben zu können, in die Richtung unserer Hündin. Puh, das wurde ganz schön laut, ohne dass er die geringste Chance gehabt hätte, auch nur in die Nähe der Kaustange zu kommen. Die Hündin weiß sehr genau, wie schnell er sein kann und wie ernst er es meint, wenn ihm etwas wichtig ist. Nach ihrer Ansage klappte unser Schnösel die Ohren ein und verzog sich wieder, er gab ihr Raum und akzeptierte ihr Nein.

Die Beziehung zwischen den beiden Hunden hat sich dadurch vielleicht sogar noch intensiviert. Sie mögen sich nach wie vor sehr, spielen und toben miteinander und man kann spüren, dass beide füreinander da sind. Das ist angemessenes soziales Lernen in der Art wie Hunde kommunizieren.

Die heftige Reaktion in Bezug auf die Kaustange entstand sehr situativ aus dem sozialen Kontext heraus. Hätte sie ihn gelassen, dann hätte er die Entscheidung, die Kaustange einfach wegnehmen zu können, mit der Zeit möglicherweise auf andere Dinge übertragen. Ich weiß, dass ein anderer Hund mit anderer Motivation ganz bestimmt einen Teil der Stange von ihr bekommen hätte. Wenn mir beispielsweise beim Kochen etwas herunterfällt und ich das freigebe, auch dazu ist oft kein Wort von mir nötig, teilen sich die beiden Schnauze an Schnauze die Krümel völlig ohne Anspannung. Es kann daran liegen, das es keinem von beiden so wirklich wichtig ist in dem Moment, vielleicht sogar auch, weil es „meine Krümel" sind. Es kommt hier ganz auf den sozialen Kontext und die Präsenz an, und liegt weit entfernt von irgendeinem Kommando, was ein Mensch seinem Hund geben könnte, um ihm klarzumachen: So geht es nicht. Dabei geht es auch nicht um eine ausschließlich positive Kommunikation, sondern um Grenzen und Regeln, und vor allem um Respekt.

Wir Menschen neigen oft dazu, unsere vorgefertigte Meinung in solche Situationen einzubringen. Wir bewerten, verurteilen oder interpretieren unsere eigene Gefühlswelt hinein. Für mich persönlich haben solche Situationen aber weder mit Gewalt noch mit Rudelchef-Gehabe zu tun. Vielmehr geht es darum, ganz unabhängig von einer positiven oder negativen Beurteilung, für ein harmonisches Zusammenleben zwischen Mensch und Hund zu sorgen. Situativ ist es für uns als Hundehalter und damit als Verantwortliche somit unumgänglich, Grenzen zu setzen.

Ein rein autoritärer Erziehungsstil konzentriert sich auf Regeln, Macht und Dominanz, während ein liberaler (permissiver) Erziehungsstil Liebe, Zwanglosigkeit und Toleranz in den Fokus stellt. Der Mittelweg ist die sogenannte autoritative Erziehung: Sie ist kontrollierend mit klaren Regeln, beinhaltet aber Zuneigung, Empathie und Toleranz für die Bedürfnisse der Gemeinschaft. In dem Artikel Wattebausch oder Grenzen setzen der Zeitschrift *Partner Hund*, schreibt Thomas Baumann: „*Einem Hundehalter, dem viel an der Lebensqualität seines Vierbeiners – und damit auch an seiner eigenen – liegt, wird bei gegebener Notwendigkeit erzieherisch sehr wohl angemessen reglementieren und damit*

auch der Anwendung vorübergehender Zwänge offen gegenüberstehen."[7] Thomas Baumann geht in seinem Artikel insbesondere auf die aussagekräftige Studie von Carolin Donath des Universitätsklinikums Erlangen ein, die an über 44.000 Kindern durchgeführt wurde, um die Lebensqualität der jeweiligen Erziehungsstile zu hinterfragen.
Der Mittelweg in der Erziehung zeigte hier die höchste Lebensqualität und scheint schweren seelischen Krisen vorzubeugen. Mit diesem Mittelweg, sprich dem autoritativen Erziehungsstil, ist gemeint, dass ein Hundehalter vor allem ruhig, klar und souverän agiert und sich auch nicht aus der Ruhe bringen lässt, selbst wenn der Hund aufgrund von nicht erlernten Regeln und Grenzen völlig überdreht. Genau das verunsichert und stresst viele Hunde, weil sie die Gründe und die Art und Weise dafür natürlich nicht einschätzen können. Hunde können sehr gut wahrnehmen, dass ein emotional-aufgeladenes und aufgeregtes Verhalten nicht angemessen und souverän ist. Gerade ängstliche oder traumatisierte Hunde brauchen ein klares und ausgeglichenes Umfeld, um ihre inneren Spannungen heilend auszugleichen.
Auch im Umgang mit Kindern findet langsam ein Umdenken statt: So ist Michael Winterhoff, Jugendpsychiater und Bestsellerautor des Buches *Warum unsere Kinder zu Tyrannen werden* der Meinung, dass heute Eltern und Großeltern oft Angst vor Konflikten haben, ohne dass dabei von ihm eine Schuldzuweisung erfolgt. Er ist der Meinung, dass sie denken, nicht mehr geliebt werden, wenn sie mal nein zu einem Kind sagen. Mehr und mehr lustorientierte Kinder können immer weniger die natürlichen Grenzen der Gesellschaft (zum Beispiel am späteren Arbeitsplatz) aushalten – und das hat weitreichende Folgen für die Gesellschaft. Er beobachtet in seiner Praxis, dass Kinder kaum noch soziale Kompetenzen lernen, weil sie sich immer weniger anpassen müssen. Er beschreibt sehr eingehend die Folgen von Stresserkrankungen in der Gesellschaft und die entsprechenden Negativwirkungen auf

Kinder. In seinem Buch *Lasst Kinder wieder Kinder sein! Oder Die Rückkehr zur Intuition* betrachtet Winterhoff eher systemisch, wie Eltern wieder mehr zu ihrer Intuition finden können: *„Meine Arbeit als Kinderpsychiater hat demgegenüber einen ganz anderen Schwerpunkt. Ich mache mir nicht so sehr Gedanken über die Stile und Methoden, spreche auch nicht über die beliebten Themen Disziplin, Ordnung und Grenzen setzen oder andere Standardthemen der Diskussion. Ich beschäftige mich mit der Beziehung zwischen Erwachsenen und Kindern, stelle die Frage, ob Kinder im Erwachsenen heute noch in ausreichendem Maße ein Gegenüber vorfinden, an dem sie sich orientieren und entwickeln können."*[8]

Auch Dorit Feddersen-Petersen, eine der führenden Ethologinnen weltweit und Fachtierärztin für Verhaltenskunde, schreibt: *„Hunde waren und sind erfolgreich. Sie können unsere analoge Kommunikation „lesen" und entsprechend reagieren. Leider spielt für die meisten Hundehalter das nonverbale Ausdrucksverhalten im Umgang mit dem Hund nicht mehr die verdiente Rolle. Sie reden und reden und nehmen sich körperlich (sogar bewusst!) zurück. Und die Intelligenz des Unbewussten, die Intuition oder das Bauchgefühl kommt zu kurz. Intuitiver Umgang mit Hunden ist nicht modern. Modern sind psychologische Techniken und Instrumentalisierungen von Hunden, am besten mittels dieser und jener Gerätschaften. Das wirkt so kompetent, da ausgerüstet."*[9]

Wenn wir Veränderungen wünschen, ist es hilfreich zu erkennen, dass Hunde nicht wie wir Menschen nach wertenden Emotionen kommunizieren: Sie teilen ihrem Gegenüber einfach in wohlwollenden Zusammenhängen mit, was der andere zu lassen hat und sorgen damit im Familienverband für Klarheit und Ausgeglichenheit. Um dies auf tiefer emotionaler Ebene zu verstehen, sollten wir uns Fragen stellen, die sich auf uns selbst beziehen: Warum nehmen wir selbst viele Dinge mit so viel Emotion wahr? Warum werten wir vieles und vermeiden damit ehrliche Kommunikation? Warum bleiben wir oft in der Betrachtung der Probleme und Auffälligkeiten emotional hängen und geben damit einer Entwicklung nicht den angemessenen Raum? Sind wir bereit, auf andere Dinge in unserem Leben zu schauen, wenn die Beschäftigung mit den Problemen der Hunde nicht mehr nötig wäre?

Hunde beobachten uns den ganzen Tag. Sie wissen oftmals mehr über uns, als wir glauben. Ganz einfach deshalb, weil es für sie von Vorteil ist, wenn sie uns besser verstehen. Wir sollten uns allein schon aus Respekt gegenüber unseren Hunden bemühen, uns gut über ihre Bedürfnisse und ihre Kommunikation entsprechendes Wissen anzueignen. Dies kann für unser ganzes Familiensystem nur von Vorteil sein. Natürlich sind wir Menschen keine Hunde: Diese Tatsache aber auf alle Lebensbereiche zu projizieren macht das Zusammenleben schwer, Hunde sind wie Menschen hochsoziale Wesen. Wie oft interpretieren wir aus unseren persönlichen Gründen heraus das Verhalten unseres Hundes als unsozial, nehmen Unsicherheit als Ängstlichkeit wahr oder verstehen ein klares Agieren bereits als Dominanz. Wenn wir Probleme in der Kommunikation mit unseren Hunden haben, ist ein Blick auf uns selbst eine Möglichkeit, den eigenen Blickwinkel zu verändern oder zu erweitern. Dadurch erhalten wir wiederum Möglichkeiten, Probleme und Konflikte im Sinne der Gemeinschaft zu lösen.

Doch nochmal zurück zu unserem Jüngsten, unserer Hündin und der Kaustange, von der er nichts abbekommen sollte: Ich behaupte, jeder von uns würde sein Brötchen abgeben, wenn jemand uns darum bitten würde, insbesondere wenn ersichtlich ist, dass der andere wirklich Hunger hat oder es ihm nicht gut geht. Aber wie würden wir reagieren, wenn sich jemand einfach unser Brötchen aus der Hand nehmen würde – ohne eine Erklärung oder Bitte. Ich nehme an, dass dies wohl jeder als respektlos empfinden würde. Genau auf dieses Verhalten, also die Einstellung dazu, hat unsere Hündin reagiert und das ist der entscheidende Punkt. Wäre es anders gewesen, hätte ich ganz bestimmt eingegriffen und zwar ihr gegenüber.

Wir kennen es alle: Ein Hund setzt in vielen Situationen ein bestimmtes Kommando zuverlässig um, doch auf einmal taucht ein Reiz auf, der offenbar spannender ist als wir. Plötzlich ist es dem Hund unmöglich das Kommando zu befolgen und wir als Mensch sind völlig irritiert. Entgegen allen Konditionierungsgrundsätzen passiert in anderen Situationen folgendes: Wir selbst sind entspannt und verlangen das gleiche vom Hund. Ein Satz wie „Nun leg dich doch mal endlich hin", kann in dieser Situation zur sofortigen Beruhigung des Hundes führen und er kann sich womöglich wirklich hinlegen. Hunde geben uns immer Antworten, die Frage ist nur, wie wir ihr Verhalten interpretieren.

Warum Hunde so unterschiedlich reagieren, kann an bisherigen Lernerfahrungen, gesundheitlichen Faktoren, fehlender Führung, Stress, Aufregung, Angst oder Traumata und noch vielem mehr liegen. Vielleicht hat ein Hund einfach nur gelernt, dass er sowieso bekommt, was er möchte, ganz unabhängig davon, wie oft er etwas gesagt bekommt (Habituation/Gewöhnung) oder er fühlt genau, wenn wir etwas nicht wirklich ernst meinen (Intuition/Energie/Ausstrahlung/Schwingung). Im komplexen Zusammenleben von sozialen Wesen braucht es oft viel mehr als nur Training, nach welchen Überzeugungen und Methoden auch immer. Eine ganzheitliche Herangehensweise kann oft ungeahnte Möglichkeiten und Blickwinkel eröffnen, die vieles in Bewegung bringen können.

Hinreichend bekannt ist beispielsweise auch, dass Kinder oft nicht lernen können, weil sie gesundheitliche Probleme oder Konflikte mit Mitschülern, Lehrern oder Eltern haben. Liegen die Ursachen für derartige Schwierigkeiten an anderen Eckpunkten, ändert sich auch durch ein gut gemeintes und aufwendig kreiertes Angebot an Smileys aus den Grundsätzen der Lerntheorie für den Schüler kaum etwas an seinem Lernverhalten. Das betroffene Kind wird schlicht und ergreifend nicht wirklich „gesehen", d. h. den wirklichen Gründen für sein Verhalten wird nicht genügend Aufmerksamkeit geschenkt.

Eine Kundin von mir, die Lehrerin ist, erzählte mir vor kurzem Folgendes: Ihr Schüler hatte wochenlang auffällig Probleme, dem Unterricht zu folgen. Die Lehrerin sprach mit den Eltern, die aber nicht erkennen konnten, was der Grund dafür sein könnte. Als die Beurteilung anstand, welche weiterführende Schule der Schüler besuchen sollte, spitzte sich die Lage zu und der Schüler klagte über Migräne. Weil sie mehr und mehr systemisch dachte, deckte sich in einem Gespräch mit den Eltern schnell auf, warum der Schüler so unter Druck stand. Die Mutter hatte enorme Probleme zu akzeptieren, dass die Lehrerin kein Gymnasium empfehlen konnte. Der Schüler wollte die Bedürfnisse der Mutter jedoch trotz Überforderung erfüllen. Diese inneren Prozesse klärten sich erst, als er dadurch sogar krank wurde. Als das der Mutter bewusst wurde, konnte sie ihren Wunsch loslassen, besuchte mit ihrem Sohn eine Realschule und die Lage beruhigte sich völlig. Die letzten Wochen in der Grundschule waren sehr entspannt für alle. Hier hätte es nicht das Geringste gebracht, den Sohn mit Keksen oder Geschenken zu motivieren, damit er dem Unterricht folgt. Ohne die unbewusste emotionale Sichtweise der Mutter gab es für den Sohn keinen Druck mehr, die Migräne trat nicht mehr auf. Dies hat aber nichts mit Schuld zu tun: So hatte die Mutter sehr nachvollziehbare Gründe, über die sie dann liebevoll mit dem Sohn sprechen konnte. Sie konnte durch die gesundheitlichen Folgen des Sohnes ihre Sichtweise vom Leben des Sohnes trennen, denn wo steht, dass jemand weniger glücklich und erfolgreich sein wird, wenn er nicht das Gymnasium besucht? Das, was für den einen stimmig ist, muss daher noch lange nicht für einen anderen passend sein.

Wenn wir beim Umgang mit unseren Hunden stärker den sozialen Aspekt erfassen, der viel mehr bedingt als positive Bestätigung, dann binden wir uns selbst in die Handlung mit ein. Hunde brauchen uns als fühlende ganzheitliche Wesen, die Klarheit vermitteln und sich selbst reflektieren können. So schreibt Dorrit Feddersen-

Petersen: *„Wir schulden unseren Hunden ein klares Verhalten, initiativ wie reaktiv. Unklarheiten unsererseits stehen für Spannungen und sind ursächlich für Konflikte zu sehen. Über Drill, wie „Fuss"- oder „Platz"-Befehle, wird natürlich kein Missverständnis, kein „Problemverhalten" beseitigt."*[10]

Als Hundehalterin, Hundesportlerin und Hundetrainerin habe ich viele Dinge erlebt. Ich habe einige Jahre in einem sehr guten Hundesport-Verein mit meinen zwei älteren Hunden trainiert und bestimmte Prüfungen abgelegt, so lange es der Lockerheit wegen meinen Hunden Spaß machte. Aus den Erfahrungen dieser vielen Jahre sind mir die Möglichkeiten, Grenzen und komplexen Wechselwirkungen von Lernverhalten völlig bewusst. Aus einigen Kursen und Prüfungen nach *Lind-Art* kann ich nachvollziehen, wieviel Einfluss in jeglicher Richtung Motivation und Körpersprache bei Hunden haben können. Ich habe aber auch Menschen in Bereichen der Ausbildung und Erziehung erlebt, die ganz klar Gewalt verherrlichen, die das jedoch oftmals selbst nicht so wahrnehmen konnten. Ebenso war ich nicht selten überrascht, wie offen diese Menschen ihre wirklichen Beweggründe erkennen und überdenken können, wenn sich jemand ehrlich und ohne Wertung dafür interessiert. An vielen Stellen hat es für alle Beteiligten einiges bewegen können und es waren für mich sehr wichtige Erfahrungen, die heute in meiner Beratung sehr hilfreich sind.

Natürlich ist es für uns alle trotzdem nicht immer leicht, völlig wertfrei zu empfinden und demnach zu reagieren, aber uns dessen mehr bewusst zu sein, wäre ein riesiger Schritt des Umdenkens. Wie schnell wir alle dabei sind, etwas zu bewerten oder zu beurteilen, kann vielleicht die folgende Begegnung aus meinem Alltag zeigen: Vor kurzem traf ich auf einem Spaziergang zwei Hundehalterinnen, die ich kaum kannte. Eine der beiden hielt ihre Hündin mit wenigen Signalen bei sich. Ich dachte spontan: „Wow, super, das kann leider nicht jeder". Die zweite Hundehalterin sagte zu ihr: „Lass deinen Hund doch laufen, du bist aber streng, er will doch bestimmt mit den anderen spielen, das ist wichtig für Hunde". Als ich nachfragte, warum die erste Halterin ihren Hund bei sich behielt, erklärte sie: „Mein Hund hat sich gestern vertreten und der Tierarzt meinte, dass sie im Moment nicht schnell laufen oder toben soll". So waren wir beide in der Wertung, ich weil ich in den Trainermodus geschaltet habe, die andere Hundehalterin aus Mitleid zum Hund. Als wir das erkannten, mussten wir lachen, tauschten uns über viele Dinge aus und es wurde für alle ein sehr schöner Spaziergang mit vier Hunden.

Hilfs- und Allheilmittel in der Hundeerziehung

> *„Erst wer Verantwortung für sich selbst übernimmt, macht sich auf den Weg zur persönlichen Freiheit."*
> Konrad Lorenz

Ein bekannter Trend zur Problemlösung ist die Suche nach dem „einzigen Hilfs- oder Heilmittel" in der Hundeerziehung. Dies hat zur Folge, dass oftmals die Gründe für Emotion und Verhalten bei Mensch und Hund nicht mit einbezogen werden. Es kann viele Gründe geben, warum einem Hilfs- oder Heilmittel so viel Bedeutung beigemessen wird. Manche Konsequenz daraus kann uns elementar schädigen, allein dadurch, wie wir damit umgehen. Ein bekanntes Beispiel ist der Patient, der vielleicht aus Angst vor dem Zahnarzt nur Schmerzmittel einnimmt, um die Symptome „wegzubekommen" und eine gleichzeitige körperliche als auch psychische Behandlung ablehnt. Er sieht die Medikamente dabei möglicherweise nicht als wichtige Hilfe an, sondern als Heilmittel. Jedoch ist sehr offensichtlich, dass hier lediglich das Symptom des Schmerzes behandelt wird, nicht aber den Ursachen auf den Grund gegangen wird – so, als würde man eine rot blinkende Lampe im Auto mit einem Pflaster überkleben, damit sie einem beim Fahren nicht mehr stört. Bei Zahnschmerzen und alleiniger Einnahme von Schmerzmitteln alleine kann sich jeder vorstellen, was die Folgen sein können, wenn der Zahn nicht behandelt wird.

Übrigens: Bei einer nicht seltenen Fehlfunktion im Bereich des Kausystems, (Kraniomandibuläre Dysfunktion) gehen die Symptome einer Funktionsstörung (CMD-Symptome) häufig über den Bereich des Kopfes hinaus, da die Muskeln des Kausystems über Funktionsketten mit der Wirbelsäulenmuskulatur in Verbindung stehen. Symptome wie Schwindel, Tinnitus, Nacken-, Schulter- oder Armschmerzen, Probleme im Bereich der Wirbelsäule, Migräne, Trigeminusneuralgie oder Kopfschmerzen können die Folge sein. Auslösende und unterhaltende Faktoren beziehen sich auf biologische, psychische und soziale Elemente wie zum Beispiel posttraumatische Belastungsstörungen, emotionalem Stress, Schlafstörungen und vieles mehr.

Manche Zahnärzte haben spezielle Messgeräte, um das Zusammenspiel von Ober- und Unterkiefer (Okklusion) zu untersuchen. Bei Pferden zum Beispiel werden diese Zusammenhänge bereits von vielen Tierärzten mit in Betracht gezogen. Bei Menschen oder Hunden ist es scheinbar nicht so bekannt.

Uns allen fällt es oft schwer, herauszufinden, warum unsere Hunde oder wir selbst uns einmal so und in anderen Situationen ganz anders verhalten oder empfinden. Da viele innere Prozesse und äußere Faktoren sich gegenseitig beeinflussen, brauchen wir den Blick von außen – ob vom Hundetrainer, Tierarzt, Heilpraktiker, Therapeut oder auch vom Partner oder Freund. Es ist scheinbar einfacher, zu interpretieren, was Hunde mit ihren Verhaltensweisen zeigen, als den wahren Gründen auf die Spur zu gehen. Wir Menschen neigen einfach dazu, Dinge zu verallgemeinern: Wer das macht, ist so und so. Wer sich so zeigt oder das so sagt ist so und so. Wer das einmal macht, der tut das immer wieder. Dabei fügen wir oftmals unsere persönlichen Emotionen und Glaubenssätze ein, die ihre Ursache in unseren eigenen Erlebnissen und Erfahrungen haben. Doch leider werden bei solchen Betrachtungen viele gute Chancen vergeben, voneinander zu lernen.

Ein immer wieder aufkommendes Thema im Hundetraining ist die Ablenkung mit Hilfsmitteln. Wer seinen Hund ausschließlich und grundsätzlich nur mit Hilfsmitteln wie beispielsweise Futter und Spielzeug von bestimmten oft komplexen Handlungen ablenkt, wird merken, dass er maximal dieses eine Verhalten verändern kann, die Ursache jedoch oft offenbleibt. Was uns dabei nicht immer bewusst ist: Wir haben dem Hund etwas beigebracht, um letztlich einen bestimmten Konflikt zu vermeiden. Ich habe viele Hunde erlebt, die vor lauter Stress und Frust zum Beispiel Löcher in Türen gebissen haben oder bei jeder Bewegung auf der Straße oder im Haus bellten. In der Wohnung verteilt waren diverse Bälle, Spielzeug und Futterbeutel zu finden, damit es für die Menschen zumindest möglich war, mal einen Kuchen ungestört essen zu können.

Ich habe nicht wenige Hunde erlebt, die zum Beispiel immer ganz „nett", aber sehr nervig Besucher belagert und bedrängt haben, deren Halter jedoch nie versucht haben, den Hund ernsthaft davon abzuhalten, obwohl das Verhalten des Hundes alle sehr einschränkte. Das ist eine definitiv unterwürfige, also subdominante Haltung der jeweiligen Hundehalter der Situation gegenüber, weil es die Freiheit der Hundehalter und der Besucher einschränkt, auch der Hund hat dabei massiven Stress.

Bei so manchem Hausbesuch habe ich dieses Verhalten des Hundes nach ausführlichen Erklärungen zum ersten Mal dem Hund gegenüber in Frage gestellt, wobei auch einige Hunde auf „Ernst" umschalteten. Es reichte völlig aus, ein wenig Raum einzunehmen, schon war das Ende der Frustrationstoleranz erreicht. Ich reagiere intuitiv in solchen Situationen, bewege mich nicht und nehme beharrlich und selbstbewusst Raum ein. Eine solche, durchaus ernstzunehmende Situation, die auch im Alltag völlig unbewusst auftreten kann, kann schnell eskalieren und sogar zu Verletzungen führen. Vielen Hundehaltern wurde in diesem Moment erst bewusst, wie sehr sie die Gesamtsituation unterschätzt haben und wie viele nicht erkannte Probleme in der Kommunikation und im Zusammenleben mit dem Hund überhaupt zu diesem massiven Stressverhalten geführt haben. Die veränderte Wahrnehmung setzte bei den Hundehaltern dann meist einen Prozess in Gang, der ihnen heute ein stressfreies Leben mit ihrem Hund ermöglicht.

Dem Hund empathisch über soziale Grenzen zu helfen, sich angemessen und stressfrei verhalten zu können, ohne den Konflikt zu vermeiden, ist eine andere Sichtweise als ihm etwas beizubringen oder ihn von etwas abzulenken. Dafür braucht es keineswegs den ohnehin völlig missverstandenen „Alphawurf" oder den für einige als Allheilmittel angewendeten Schnauzgriff oder irgendwelche anderen Hilfsmittel. Richtig angewendet sind Hilfsmittel jedoch alles andere als falsch, aber es sollte kritisch hinterfragt werden, wie sinnvoll ihr Einsatz bei dem einzelnen Tier wirklich ist. Verhilft also beispielsweise ein Hilfsmittel, das auch eine Futterbelohnung sein kann, zu mehr Ruhe und Ausgeglichenheit beim Hund, ist der Einsatz durchaus gerechtfertigt. So sollte kein Hund weggesperrt werden, wenn Besuch kommt, vermeidet das doch eher den Konflikt anstatt ihn zu lösen. Hunde, die in solchen Situationen lernen, sich ruhig zu verhalten und deren Bedürfnisse geachtet werden, haben deutlich weniger Stress.

Wenn wir uns selbst fragen, wie wir damit umgehen, wenn uns Umstände zwingen, ruhig und gelassen zu bleiben, erschließen sich nicht selten Zusammenhänge. Können wir als Beispiel selbst gelassen die Zeit im Auto nutzen und vielleicht gute Musik genießen, wenn wir im Stau stehen? Oder sind wir eher genervt, werden unruhig oder rasten sogar aus und wollen mit allen Mitteln aus der Situation heraus? Mit welchem Stresspegel kommen wir dann zu spät zu einem Termin, wenn es sich nicht vermeiden lässt?

Wer zum Beispiel den Begriff „Balljunky" verharmlost, nimmt in Kauf, seinen Hund in eine Sucht zu befördern. Auch, wenn nicht jeder Hund, der mit dem Ball beschäftigt oder motiviert wird, gleich ein „Junky" ist. Doch die Anzeichen eines Suchtverhaltens sollten wir ehrlich erkennen können und wollen. Wenn ein Hund angespannt ist und sich wie ferngesteuert bewegt, kaum noch in der Lage ist, zu kommunizieren, dann ist es höchste Zeit, den Ball zu verbannen. Über den Suchtcharakter und die möglichen Gefahren, die sich aus dem Ballspielen ergeben können, meint die Verhaltensexpertin Dorit Feddersen-Petersen: „*Gefährlich wird das urbane Leben für Hunde und Menschen insbesondere dann, wenn letztere sie, ob bewusst oder nicht, immer wieder auf das Apportieren von Bällen und ähnlichen Objekten konditionieren, wenn das Hinterherlaufen zum selbstbelohnenden »Suchtmittel« wird. Handlungsketten des Beutefangs sind es nicht selten, wenn Menschen, insbesondere Kinder, durch Hunde attackiert werden.*"[11]

Auch für uns Menschen bedeutet ein motivierendes, tolles Hobby eine wunderbare Sache, aber ist sie das noch, wenn wir ihr jeden Tag nachgehen würden oder wir dieses Hobby so intensiv betreiben würden, dass kaum noch Zeit für etwas anderes bliebe? Welche Kommunikation ist für uns selbst noch möglich, wenn unsere Wahrnehmung durch unsere Sichtweise, immer aktiv sein zu müssen, überlagert ist? Denken Sie nur einmal daran, wie wir uns oft verhalten und kommunizieren, wenn wir einmal etwas „über den Durst" getrunken haben. Die meisten können natürlich die Grenze zwischen Sucht und Gelegenheitstrinken erkennen, aber die Grenze zwischen psychischer und physischer Abhängigkeit ist oft fließend. Den häufig gehörten Satz „Aber der Hund muss doch bewegt und beschäftigt werden ..." beantworte ich mit der Frage: „Was brauchen Sie, um auf einem gemeinsamen Spaziergang für Entspannung und Ausgeglichenheit zu sorgen?". Verbinden und motivieren sich doch gerade solche Momente auf der sozialen Ebene.

Aus der Gehirnforschung ist erwiesen, dass in einem wachen, aber entspannten Zustand das Gehirn in den sogenannten *Alpha-Zustand* umschaltet. *Alphawellen* gehen von der rechten Gehirnhälfte aus und sind Grundlage für Kreativität. Wir können leichter mit Stress umgehen und stärken unser Immunsystem, indem unser Körper Botenstoffe, wie zum Beispiel Serotonin, freisetzt, die für das Empfinden von Glück und Freude verantwortlich sind. Unser Herzschlag wird ruhiger, der Blutdruck sinkt und die Atmung wird regelmäßig und tief. Dieser entspannte und ausgeglichene Zustand wirkt sich natürlich auch auf unsere Hunde aus.

Themen wie übermäßiges Jagdverhalten, Ziehen an der Leine, unangemessenes Sozialverhalten oder Ängste belasten viele Hundehalter im Umgang mit ihrem Hund enorm. Und das, obwohl die Hundeschulen in den letzten Jahren wie Pilze aus dem Boden geschossen sind. Der Bedarf ist groß und inzwischen bieten nicht nur Hundesportvereine, sondern auch Hundeschulen ratsuchenden Hundehaltern eine breite Palette an Sport- und Freizeitangeboten. Am Montag geht es zum Obedience, mittwochs steht Schnüffelstunde auf dem Programm und am Samstag ist Agility angesagt. Ein gut gefüllter Stundenplan trägt dafür Sorge, dass es dem Hund gut geht und er ausreichend beschäftigt wird. An dieser Stelle erlaube ich mir die Frage, ob dieser Drang, den Hund beschäftigen und auslasten zu müssen, wirklich sinnvoll ist? Oder ob man damit nicht erst recht Aufregung und Nervosität bei Hund und Mensch fördert? Eine pauschale Antwort kann es hier nicht geben, aber wenn wir unsere Fähigkeiten der Wahrnehmung schulen und genau hinsehen, wird uns das für uns und unsere Hunde Aufschluss geben können, ob das individuell angemessen ist. Wir wissen von uns selbst, dass ein jeweils gesundes Maß an Ruhe und Bewegung viel zu unserer Lebensqualität beiträgt. Auch darin können Hunde in unserem Leben so tolle Lehrer sein, wenn wir bereit sind, sie als solche anzunehmen.

Hundeerziehung wird schwierig, wenn zum Beispiel die Konzentration auf das Deuten von Beschwichtigungssignalen als allheilende Erziehungsmethode betrachtet wird. Es handelt sich hier um Verhaltensanteile, die Hunde schon immer zur Kommunikation nutzten. Nicht alles ist Beschwichtigung, und die Frage bleibt oft offen, warum hier und dort beschwichtigt wird. So haben manche Hunde auch gelernt, diese Signale bewusst einzusetzen, weil sie die Erfahrung machten, dass wir darauf mit bestimmten Verhaltensweisen reagieren. Auch das können viele Trainer auf einen Blick erkennen oder sie fühlen es, weil sie vielleicht mehr wahrnehmen als das Auge allein erkennen kann, sie haben eine gute Intuition. Ein anderes Beispiel wäre die Theorie der Rudelstellungen, die derzeit von verschiedenen Hundeexperten sehr kontrovers diskutiert wird und zu der Sie auf folgender Webseite fachliche Informationen erhalten: www.rudelstellungen-klargestellt.de.

Im Detail ist es an dieser Stelle nicht nötig, darauf einzugehen, aber in Bezug auf die Themen dieses Buches ist es mir wichtig zu erwähnen, dass es bei dem Ansatz der Rudelstellungen durchaus Hundehalter und Trainer gibt, die ihre Hunde „ausgetauscht" haben, weil sie aufgrund dieser Theorie nicht zueinander passten. Erlauben sie mir bitte die Frage, wie das mit der Einstellung zu unseren geliebten Familienhunden vereinbar ist. Auch hier scheint der Blick auf das ganze System, in dem wir und unsere Hunde leben, zu fehlen. Den Fragen nachzugehen, welche Umstände und Einflüsse sich wie und in welcher Form auf Hunde (und auch Menschen) auswirken und welche Möglichkeiten bestehen, etwas an der bisherigen Situation zu verändern, wäre meiner Meinung nach mehr als fair unseren Hunden gegenüber. So betrachtet die Theorie der Rudelstellungen nur den Hund allein und ignoriert die Rolle und den Einfluss des Menschen.

Jeder Hundehalter hat sicherlich ganz verständliche Gründe, warum er seine Verantwortung gegenüber seinem Hund, zumindest teilweise, an eine bestimmte „Methode" abgibt. Aber es bleibt beim Thema Verantwortung die Frage nach der Betrachtung der Themen aus dem gesamten Familiensystem, zu dem auch unsere Hunde gehören.

Zentrale Themen zwischen Mensch und Hund

An dieser Stelle gehe ich auf einige wichtige Begriffe näher ein, die im Zusammenleben zwischen Mensch und Hund eine Rolle spielen und auch bei Trainern immer wieder erfragt werden. Dabei habe ich mich auf einige Aspekte beschränkt, die ich als wesentlich erachte, sicherlich gibt es viel mehr Themen zwischen Mensch und Hund. Die erwähnten Inhalte können jedoch auch in ganz anderen Zusammenhängen und themenübergreifend eine Rolle spielen.

Dominanz

Das Wort Dominanz kommt vom lateinischen *dominari*, was so viel wie überlegen sein bedeutet. In der Natur spielt Dominanz oder die Führung einer Gruppe oder eines Rudels eine völlig normale, lebenserhaltende Rolle und zeigt sich situativ angemessen. Dominanz ist dabei keine Eigenschaft oder Wesenszug eines Individuums, sondern macht in einer bestimmten Situation deutlich, in welcher Beziehung zwei Individuen zueinander stehen. Sozialpartner A ist Sozialpartner B gegenüber dominant, wenn er beispielsweise dessen Freiheit und Beweglichkeit einschränkt und B dies akzeptiert. In dieser Situation ist A dominant gegenüber B. So ist eine dominante Verhaltensweise also mit Bestimmtheit ein Führen im Sinne von Lenken und Leiten. Dominanz klärt auch den Zugang zu umstrittenen Ressourcen, oder das Vorrecht, Konflikte im eigenen Interesse zu lösen. Sie ist in jedem Fall angemessen, wenn sie dem Gesamtwohl der Familie dient und nicht auf reinen Machtkämpfen beruht, im Sinne von „Wer ist hier der Chef?".

Dominanz im positiven Sinn braucht daher kein Zur-Schau-Stellen. Das wäre wie ein Porsche-Fahrer, der an der Ampel seine Überlegenheit gegenüber anderen Verkehrsteilnehmern ausdrückt, indem er die Reifen quietschen lässt. Diesen Blender kann kein wirklich selbstbewusster Mensch ernst nehmen, ist es doch offensichtlich, dass Dominanz hier nur vorgespielt wird. Würde er die Schnelligkeit seines Autos allerdings dafür nutzen, beispielsweise das Leben eines Menschen zu retten, könnte seine Überlegenheit und sein angemessenes dominantes Handeln von Nutzen für Schutz und Überleben sein.

Auch ein Hund, der sich scheinbar dominant verhält, kann ein Blender sein – und dieser wird von erfahrenen Hunden meist ignoriert oder gestoppt. Ein souveräner, situativ dominanter Hund ist eher unauffällig und reagiert in den entsprechenden Situationen sehr klar und auf dem Punkt, möchte er doch für Ausgleich und Ruhe sorgen. So ist es auch für Hundehalter wichtig, die eigenen Ansprüche gegenüber dem Hund ruhig und souverän durchzusetzen und damit auch Verantwortungsbewusstsein und Führungskompetenz zu zeigen. Ein Beispiel soll dies verdeutlichen: Ich bin der Meinung, dass Hunde nicht zuerst durch die Haustüre gehen sollten. Viele würden das nun als sehr dominant und möglicherweise unnötig bezeichnen oder schlicht als Auswuchs einer überholten Dominanztheorie abstempeln. Doch die Situation an der Haustüre ist für mich einfach nur eine Frage der Verantwortung, weil ich für den Schutz der Gemeinschaft in der Situation zuständig bin. Nicht jeder Mensch oder Hund, der gerade vorbeikommt, möchte einen ungesicherten Hund vor sich haben, von den möglichen Folgen mal ganz abgesehen. Zudem müssen wir uns alle an bestimmte Verordnungen und Gesetze halten, die es nicht ohne Grund gibt.

Doch wie verschafft sich ein Hund bei einem anderen Respekt? Hunde kommunizieren untereinander über Körpersprache oder Blickkontakt, sie schränken andere in ihrer Bewegung ein und kommunizieren über den Raum, über den sie verfügen. Und das setzen sie notfalls auch dominant durch, um letztlich einen Kampf zu verhindern. Zu hinterfragen ist hier der soziale Hintergrund, die Motivation des Hundes und die Handlungsfähigkeit des Menschen. Die meisten von uns wissen, wie Hunde und Menschen reagieren können, wenn sie nicht räumlich oder emotional ausweichen können. Und wir wissen, wie Kommunikation entgleisen kann, wenn kein angemessener Raum zur Verfügung steht. Denken Sie nur einmal an Hundebegegnungen an der Leine, die aufgrund von eingeschränktem Raum eskalieren. Raumbegrenzung definiert sich jedoch nicht nur über körperliche Aktivität, sondern auch und vor allem über Ausstrahlung, innere Klarheit und Absicht. Entsprechende Botschaften könnten sein: „Du rempelst mich an, ich fühle mich unwohl" oder: „Halte Abstand und respektiere meinen Raum". Erfolgreich Respekt einfordern zu können, hat mit sozialer Kompetenz zu tun, nicht mit halbherzigen Verhandlungen. Ansonsten bedeutet es für alle Stress.

Bevor unser jüngster Hund Millan bei uns einzog, besuchten wir ihn einige Male in seiner Familie. Dabei konnten wir beobachten, dass er sich nie in den Streit der anderen Geschwister einmischte, er fraß gezielt den Napf leer, wenn seine Geschwister sich um Futter stritten. Wir konnten öfter beobachten, dass er sehr viel Raum einnahm und seine Geschwister einschränken wollte. Seine Hundemutter reagierte auf sein Verhalten instinktiv mit Bewegungseinschränkung, also einer dominanten, hier aber sehr angebrachten Verhaltensweise. Sie fixierte ihn so lange mit Blicken, bis er seine Absicht änderte und sich ruhig in das Rudel einfügte.

Später haben wir das Verhalten, das seine Mutter ihm gegenüber verstärkt zeigte, auch in der Kommunikation mit Aramis, unserem ältesten Rüden, beobachten können. Auch unsere Hündin Elanja bringt ihn hin und wieder mit Blicken auf Abstand. Natürlich kommunizieren wir in so manch einer Situation in ähnlicher Weise mit ihm, ein Blick reicht und er nimmt sich zurück. Ist das nun ein dominanter Hund, den wir ständig dominieren müssen? Nein, ist er nicht, aber er hat sicherlich stärkere Tendenzen zu dominanten Handlungen als andere Hunde. Entscheidend dabei ist nur, wie wir im Alltag damit umgehen und ob wir das als solches erkennen können.

Wer kennt es nicht, das Märchen vom grundsätzlich dominanten Hund, der überall hin markiert. Ich schließe die Möglichkeit alles andere als aus, aber stimmt es grundsätzlich? Nun, unsere Hündin hat sich das erste Jahr für unseren Jüngsten nicht die Bohne interessiert. Unser „Chef" im Hunderudel hat sich um seine Erziehung gekümmert, ganz subtil. Als er sich aber aufgrund seines Alters zunehmend zurückzog, fing sie an, über den Urin von unserem Jüngsten zu pinkeln. Ist das nun dominant? Nein, sie ist allgemein situativ dominant und das völlig angemessen. Dieses Verhalten ist aber in diesem sozialen Kontext eher wie das bekannte Lied von Marianne Rosenberg: „Er gehört zu mir, wie mein Name an der Tür". Ja, lachen Sie nur, wir lachen auch oft darüber. Würde unsere Hündin aber anfangen, Hunde von ihm fernzuhalten oder ihn unangemessen einzuschränken, wäre das ein anderer Kontext, bei dem wir als Hundehalter unbedingt eingreifen sollten.

Wenn Ihr Hund viel markiert, können Sie ausprobieren, ob er ein „Lass das!" gelassen annehmen kann, beobachten Sie doch mal, was passiert. Situativ angemessen dominante Hunde sind sich ihrer so sicher, so klar und so sozialkompetent, dass andere Mitglieder des Familienverbandes sie respektieren. Sie sind Autoritäten, die wissend und souverän auftreten und eher deeskalierend agierten. Die Frage ist nur, wer hier wo an welcher Stelle aus welcher Motivation heraus dominant reagiert oder vielleicht sogar so reagieren muss, im Hinblick auf das gesamte gemischte Rudel.

Führung

Hunde brauchen eine soziale Ordnung und klare Strukturen für ein Gefühl von Sicherheit und Zugehörigkeit, das ist bei Menschen nicht anders. Führung regelt die Sicherung von Grundbedürfnissen für die ganze Gruppe, dazu hat jeder seinen Teil beizutragen. Die Regeln und Entscheidungen, die der Führende für die Gruppe umsetzt hängen stark davon ab, welche Konflikte und Herausforderungen im jeweiligen Umfeld auf eine Gruppe zukommen. Sozial attraktiv ist der, der souverän und authentisch ist und zu seinen Entscheidungen steht, aber auch Auslöser von Problemen innerhalb der Gruppe erkennen kann.
Ein Mensch, der Führung als Verantwortung empfindet, würde sich keinen Hund anschaffen ohne den Partner oder den Vermieter um Erlaubnis zu fragen. Er würde sich selbst, Familienmitglieder und auch keinen Hund in Fixierungen oder Abhängigkeiten bringen oder darin belassen. Wer führt, lässt auch niemanden in Not geraten, nur, weil er oder derjenige keine Grenzen setzen kann oder Angst hat, abgelehnt zu werden. Wer würde schon einem Bürgermeister vertrauen und achten, der es allen recht machen will? Welche Folgen hätten falsch verstandene Führung, wenn Nähe und Distanz nicht ausgeglichen ist? Führung ist nicht Kontrolle und Macht, Führung beinhaltet eine ehrliche Auseinandersetzung mit den Sorgen und Nöten des Umfeldes.
In unseren Gruppen machen wir öfter Übungen mit verbundenen Augen. Die Hunde sind an der Leine, die jeweiligen Halter müssen ohne sehen zu können, anderen Haltern vertrauen, die sie mit Worten über einen kleinen einfachen Parcours führen. Es zeigt sich sehr

schnell, wer hier gerne und gut führt, und wer sich in der geführten Rolle wohler fühlt. Oder wer beides situativ gut umsetzen kann, also ein guter „Teamplayer" ist.
Wenn Halter das auf ihre Lebenssituationen übertragen, werden oft sehr hilfreiche Zusammenhänge erkannt, die Hunden wie Menschen sehr weiterhelfen können. Einen ehrlichen inneren Blick auf das, was es in einer bestimmten Situation braucht, bringt Erkenntnisse, die Menschen ein Gefühl von Klarheit und Souveränität geben. Es ist erstaunlich, wie sich nach solchen Übungen die Energie bzw. Ausstrahlung für alle verändert, und das vielleicht nur, weil sich die Beteiligten ihrer Emotionen bewusst werden. Es lohnt sich, einen ehrlichen Blick auf sein Umfeld und sich selbst zu werfen, damit sich Strukturen ändern können, aus innerer Überzeugung und Verantwortung.

Hyperaktivität bei Hunden

Bei Hunden spielen wie auch bei Menschen schon vor der Geburt bestimmte Faktoren eine Rolle, die Auswirkungen auf ihre Emotionen und ihr Verhalten haben, ebenso genetische Einflüsse. Unter Umständen hängt beides miteinander zusammen. Diese vorgeburtlichen Einflüsse wie Stresserlebnisse oder Stressempfinden der Mutter können Auslöser für hyperaktives Verhalten sein. In dem Buch *Hilfe mein Hund ist in der Pubertät* gehen Uwe Borchert und Sophie Strotdbeck auch auf diese Themen ein: *„Die Verhaltensentwicklung beginnt bereits im Mutterleib und hängt davon ab, welche Einflüsse die Hündin in der Zeit der Trächtigkeit erfährt. Hundemütterlicher Dauerstress führt bereits in der Geborgenheit der Gebärmutter zu Veränderungen im Gehirn der Welpen."*[12]
Jedoch muss nicht jeder Hund, der impulsiv oder unruhig ist, deswegen gleich hyperaktiv sein, sind im medizinischen Sinn hyperaktive Hunde doch vergleichsweise selten. So handelt es sich bei einer im medizinischen Sinn vorliegenden Hyperaktivität, im Gegensatz zu si-

tuativ hyperaktivem Verhalten, um eine genetisch bedingte Stoffwechselstörung im Gehirn. Den betroffenen Hunden (wie auch Menschen) fehlt eine Art Filter, was dazu führt, dass alle Reize in der Regel Stress auslösen. Klar, dass dies erhebliche Auswirkungen auf das Verhalten des Hundes hat. Auch, wenn sich manches gut auf der Trainingsebene erarbeiten lässt, stellt das hyperaktive Verhalten des Hundes eine besondere Herausforderung für den Hundehalter dar.

Zum Thema Hyperaktivität bei Hunden sind einige gute Bücher auf dem Markt, wie zum Beispiel *Der hyperaktive Hund* von Maria Hense. Sie schreibt über die Erfahrungen der Welpen in den ersten Wochen mit der Mutter: *„Ist die Mutterhündin zum Beispiel aufgrund falscher Haltungsbedingungen nervös, ängstlich, abweisend oder hektisch mit den Welpen, dann wird sie das prägen. Viele von ihnen werden als Erwachsene unruhiger, ängstlicher und reizempfindlicher sein – und möglicherweise lebenslang auf der Suche nach dem Zugehörigkeitsgefühl. Ihre Bindungsfähigkeit ist, so wie es oben beschrieben wurde, eingeschränkt."*[13]

Neben verschiedenen Rasseeigenschaften von Hunden beeinflussen viele Faktoren das Verhalten, so braucht gerade ein hyperaktiver Hund mehr Ruhe, Struktur und Schlaf, Grenzen und Führung. Auch die Art der Bewegung und Beschäftigung beeinflusst die Energie, die der Hund auf- oder abbauen kann und ebenso die Lernerfahrungen, die er damit macht. Eine mögliche Ursache für hyperaktives Veralten ist auch, dass ein Hund es nicht im ausreichenden Maß gelernt hat, Frust auszuhalten, also eben nicht immer auf alle denkbaren Reize oder Impulse zu reagieren. Hier spielen natürlich auch Fixierungen, hormonelle Prozesse und der Umgang mit Bewegungsreizen eine große Rolle.

Weitere Ursachen für hyperaktives Verhalten sind zum einen diverse körperliche Faktoren (z. B. Krankheiten, hormonelles Ungleichgewicht), aber auch seelische Komponenten (Schock, Trauma) sind wichtige Faktoren. Ebenso spielt in diesem Kontext auch die Ernährung eine wesentliche Rolle: So kann der Mangel an Serotonin ein übernervöses Verhalten zur Folge haben, wie auch eine Überversorgung von Tyrosin (Grundstoff für das Stresshormon Noradrenalin) zu hyperaktiven, ängstlichen oder aggressiven Verhalten führen kann. Wenn nötig, kann all das durch eine veränderte Ernährung gut eingestellt werden.

Auch neurobiologisch wird zum Thema Hyperaktivität bei Mensch und Hund auf Hochtouren geforscht. Stress, der nicht angemessen abgebaut werden kann, kann ebenso zu hyperaktiven Handlungen führen. Zudem kommen noch die Folgen der Belastung auf Körper und Psyche, Stresserfahrungen können viele Jahre lang anhalten und Krankheiten verursachen.[14]

Hier lässt sich wieder eine Parallele zu Eltern mit ihren hyperaktiven Kindern finden. Eine Ursache für diesen Stress kann für Kinder wie auch für Hunde das oftmals sehr straffe Wochenprogramm mit Sport oder diversen Aktivitäten sein. Aber auch wir hetzen meist durch unseren Alltag, schenken uns kaum Zeit zum Ausruhen, wollen immer höher, schneller, weiter. Diese erheblichen Stressfaktoren, die wir uns teilweise selbst auferlegen, können unter Umständen auch zu hyperaktivem Verhalten führen, ohne dass eine genetische Vorbelastung oder ein Trauma vorliegen muss. So beeinflusst unser eigener Stress im Umkehrschluss auch unsere Hunde und unsere Kinder.

In einem Hunderudel würde ein Hund mit einem unangemessenen aktiven Verhalten die gesamte Gemeinschaft, und darüber hinaus auch die Umwelt, gefährden, würde er nicht gestoppt werden.

Des Weiteren spielen auch die Prägung und die Lernerfahrungen des Welpen eine entscheidende Rolle. So benötigen Welpen sehr viel Ruhe und Schlaf, und sollten durch ihren Menschen Sicherheit und Geborgenheit erfahren, aber auch in angemessener Weise ihre Grenzen kennenlernen. In ruhig geführten Wel-

pengruppen, in denen souveräne erwachsene Hunde anwesend sind, können die Kleinen lernen, mit ihrem Frust umzugehen und selbst dann ruhig und gelassen zu bleiben, wenn es ihnen einmal nicht erlaubt wird, einem bestimmten Impuls nachzugehen.
Es ist für viele Trainer alarmierend, wie viele Hunde beim Auftauchen eines Reizes, das kann ein anderer Hund, Nachbars Katze oder auch ein Brötchen in der Hand eines Kindes sein, kaum noch ihre Nase einsetzen, sondern stattdessen sofort impulsiv losschießen. Entspannter für Mensch und Hund wäre es, in kleinen Gruppen zu üben und sich der Körpersprache des Hundes, aber auch der eigenen bewusst zu werden. Dann kann auch Ihr Verhalten, und die Reaktion von anderen darauf, bewusst reflektiert und wahrgenommen werden. Wie wichtig es ist, insbesondere in Hundegruppen genau hinzuschauen, zeigt folgender Bericht einer Hundehalterin:

„Nachdem ich mir einige Hundeschulen in der Umgebung angeschaut hatte, entschied ich mich für eine Welpenschule, bei der ich das vermeintlich beste Bauchgefühl hatte. Schon beim Betreten des Hundeplatzes sollten wir die Hunde von der Leine lassen. Sie sollen sich ja gleich kennenlernen und den Umgang mit anderen Welpen jeglicher Rasse und jeglichen Gemütszustandes erlernen. Adulte Hunde waren hier nicht dabei, sondern nur Welpen und Junghunde im Alter von zwei bis sechs Monaten. Das heißt, meine Hündin lernte vier Monate lang ausschließlich, dass Hundeplatz Aktion, Spiel, Spaß und Spannung bedeutet, ich als Mensch hingegen war vollkommen uninteressant. Unter all diesen Umständen war jedenfalls ein konzentriertes Training kaum oder nur mit Leckerlie-Bestechung möglich.
Eines Tages wurde mir dann verkündet, dass meine Hündin nun alt genug sei, um in die Junghundegruppe zu gehen. Darauf war ich sehr stolz. Doch nun zeigten sich Probleme, die die auf das ausgiebige Spiel- und Spaßprogramm in den Welpenspielstunden zurückzuführen sind: Hyperaktivität, Stress, Überforderung und Reizüberflutung. Nach wie vor durften die Hunde zu Beginn des Trainings spielen, dabei gab es selbstverständlich auch Rangeleien

und Auseinandersetzungen und viel Gebell. Aber das gehöre ja dazu, wurde mir gesagt. Nur nicht eingreifen. Die müssen lernen, das unter sich zu regeln. Wenn der Tumult doch mal Überhand nahm, wurde mit Leckerlis abgelenkt, und wenn das nicht half, landete der Unruhestifter mittels Alpha-Wurf auf der Seite. Nachdem die Hunde also in der Regel haufenweise Adrenalin und Kortisol in ihren Körpern angestaut und sich total hochgefahren hatten, hieß es plötzlich: Hunde an die Leine und ab zur Unterordnung. Fuß laufen, geduldig liegen, „Sitz" und „Bleib". Klar, und alles schön mit Leckerlies belohnen. Fatal hierbei war nur, dass meine Hündin nicht aus ihrer Aufregung herauskam und kaum in der Lage war, mir mit dem, was ich jetzt von ihr wollte, zu folgen. Und wenn ich es am Ende des Trainings endlich geschafft hatte, sie zumindest ein Stück weit zu beruhigen, hieß es, dass alle Hunde als Belohnung noch eine Runde toben durften, sei dies doch gut für ihre Sozialisierung. Das Ende vom Lied: Schon der Weg zum Hundeplatz wurde zum Spießrutenlauf. Die Aussage des Trainers hierzu war: Hör auf, den Kampf wirst du eh nicht gewinnen, mach doch deinen Hund gleich am Auto von der Leine, er rennt ja sowieso nur zum Platz. Und ich renne hinterher?
Das konnte so nicht weitergehen! Meine Hündin ist aufgeregt, unausgeglichen und gestresst und ich soll mit ihr in diesem Zustand trainieren, sie mit Leckerlies und noch mehr Stress (Rennspiele und Co.) belohnen? Nein, jetzt war der Punkt erreicht, wo ich eine Entscheidung treffen musste. Meine Hündin konnte nach den bisherigen Erfahrungen weder „Sitz", „Platz" oder „Fuss". Sie bellte jeden anderen Hund an und jagte Hasen, hatte viele Probleme im sozialen Bereich und war immer und überall sehr aufgeregt. Heute ist mir klar, was alles schief lief und ich kann anderen Welpen- und Hundebesitzern nur empfehlen, sich eine Hundeschule oder Welpengruppe zu suchen, in der es ruhig zugeht und in der von Anfang an sehr viel Wert auf die Beziehung zwischen Mensch und Hund gelegt wird, nebst sozialem Spiel und Kommunikation mit anderen, eben auch erwachsenen Hunden. Mir ist heute ebenso klar was wie im Zusammenhang steht und kann deshalb nur empfehlen, von Anfang an für eine ruhige Sozialisation und Führung zu sorgen. Jetzt fange ich endlich an

Verantwortung zu übernehmen, auch bei mir selbst zu schauen, was mein Hund mir zeigt. Und das ist mehr, als wir alle mit den Augen sehen können. Ich fange jetzt erst an, dieses wunderbare Wesen zu verstehen und lerne mich selbst dabei kennen."

Es gibt sicherlich sehr impulsive Verhaltensweisen von Hunden, die aber aufgrund des Alters oder der Erfahrungen völlig normal sind. So kennt doch auch jeder die oft sehr impulsiven Reaktionen von pubertierenden Jugendlichen. So wird insbesondere die Pubertät bei Menschen, aber auch bei Hunden durch das gleiche Gen (GPR 54) ausgelöst. An dieser Stelle möchte ich einen Unterschied in der Begrifflichkeit erwähnen:
Impulsives oder hyperaktives Verhalten und der Begriff der Impulskontrolle sind zwei verschiedene Dinge. Impulskontrolle bezeichnet die Umsetzung der Unterbrechung eines Impulses. Auch wenn das vielleicht vielen Lesern völlig klar ist, vielen Kunden meiner Hundeschule und auch Kunden von Kollegen ist das nicht so eindeutig klar gewesen.
Die Kontrolle des Impulses bedingt ein angemessenes Handeln um einen Impuls zu unterbrechen. Der Hund will zum Beispiel immer auf eine Wiese laufen oder immer zu jedem anderen Hund. Reicht hier eine einfache vielleicht verbale Unterbrechung aus und bleibt der Hund dann in Anspannung?
Was könnte der Grund sein, wenn ein Halter immer in hunderten von Situationen „aufpassen" muss, wenn der Hund nie „fragt", ob das für die Situation in Ordnung ist, er handelt eben impulsiv und sofort.

Angst

Angst ist eine Art körpereigenes Alarmsystem, das dem Körper die angemessene Möglichkeit gibt, rechtzeitig zu flüchten, zu kämpfen oder zu erstarren. Eine wichtige Rolle spielen hier vor allem die Stresshormone Adrenalin (Flucht), Noradrenalin (Kampf) und Cortisol (Stress).

Der hormonelle Gegenspieler des Stresssystems ist das Bindungshormon Oxytocin. Vom Zwischenhirn werden das sympathische und das parasympathische Nervensystem aktiviert, die diverse körperliche Reaktionen bezogen auf Kreislauf, Haut oder Muskeln auslösen. Kommt es zu einer Angstreaktion, sind viele Botenstoffe beteiligt, die Verhalten und Ausdruck steuern. Die körperlichen Reaktionen bei Angst sind vergleichbar mit denen bei Stress, verhärtete Muskeln an Nacken und Schulter sind wohl jedem bekannt.

Ängste können erlernt sein, genetisch „programmiert", in mangelnder Sozialisierung ihre Ursache haben, durch Erfahrung entstanden sein oder durch Krankheiten, Schmerzen oder Stress ausgelöst werden. Meist sind Angstreaktionen eine Kombination aus Genetik und Lernerfahrung. Wissenschaftler beschäftigen sich mit dem Thema Angst auch im Zusammenhang mit der Bindungstheorie bei Hunden, was auf Menschen bezogen ja bereits hinreichend bekannt ist. Hunde, die in den ersten wichtigen Lebenswochen keine sichere Bindung erfahren haben, sind in Bezug auf Angstverhalten deutlich anfälliger. So unterstützt vor allem die Qualität der Bindung alle Aspekte einer positiven Entwicklung. Ein gut geprägter, starker und selbstbewusster Hund hat in belastenden, stressigen Situationen natürlich einen anderen Stresshormonpegel als ein Hund, der weniger selbstbewusst und womöglich im Umwelt- oder sozialen Bereich deutlich instabiler ist.

Wissenschaftler und Hundeexperten beschäftigen sich inzwischen auch mit der Resilienz, der seelischen Flexibilität, bei Hunden. Diese beeinflusst im Wesentlichen, ob eine Angstreaktion entsteht oder nicht. Es kommt also auf die Art an, wie der jeweilige Hund mit der Erfahrung umgeht, es ist dabei aber nicht grundsätzlich entscheidend, was passiert ist.

In seinem Buch *Die Neuropsychologie des Hundes* geht der US-amerikanische Verhaltensforscher James O´Heare insbesondere auch auf die Wirkung von Stress und

Angst ein: „*Angstreaktionen sind bei Hunden weitgehend dasselbe wie extreme Stressreaktionen. Die Notreaktions-Mechanismen von Geist und Körper sind aktiviert und ein hoher Stresspegel führt zu einem chemischen Ungleichgewicht im Gehirn.*"[15]
Allgemein unterscheidet man zwischen zwei Arten von Stress: dem positiven Stress, auch Eustress genannt und dem negativen Stress, der als Distress bezeichnet wird. Zu wenig Schlaf und eine andauernde, unangemessene Reizüberflutung führen so auch bei Hunden zu emotionalen und körperlichen Dauerstress, der eine Vielzahl körperlicher Erkrankungen herbeiführen kann. Hunde, die im Dauerstress sind, zeigen dies durch starke Muskelanspannungen, die jedoch auch traumatisch bedingt sein können. Bei Hunden, wie auch bei Menschen, wird zwischen Unsicherheit, Furcht und Angst unterschieden. Hunde, die als Persönlichkeitsmerkmal eher unsicher sind, können durch belastende Erfahrungen und Dauerstress eher Angst oder Furcht entwickeln. Furcht bezieht sich auf einen konkreten Reiz in einer Situation, die Möglichkeit mit Flucht oder Kampf zu handeln bleiben bestehen. Angst dagegen ist nicht an einen bestimmten Reiz gekoppelt, sie ist eher unbestimmt auf eine schlimme Erwartung bezogen und macht handlungsunfähig, Kommunikation ist hier kaum noch möglich. Steigerungen zur Angst wären Panik und Phobie. Die Ursachen für Ängste sind oft sehr schwer herauszufinden, mögliche Ursachen können aber sein:

<u>Genetik und Traumatisierungen</u>
Der Körper und das Gehirn von uns und unseren Hunden sind in der Lage, jede Angst- und Trauma-Erfahrung zu speichern. So werden unter Umständen auch bereits vorgeburtliche Erfahrungen der Mutter an die Welpen weitergegeben. Ein Trauma entsteht, wie auch aus der menschlichen Psychologie bekannt ist, weil das Gehirn in dem Moment des Auslösers nicht über die Zeit oder Erfahrung verfügt, den Reiz einzuordnen. Die Symptome eines Traumas entstehen nicht durch das Erlebnis al-

lein, sondern durch „blockierte" Energie. Eine mögliche biologische Reaktion auf ein Trauma kann beispielsweise Schütteln und Zittern sein. Die emotionale Belastung im limbischen (emotionalen) Gehirn eines solchen Traumas kann dann durch sogenannte Trigger (Auslöser), wie zum Beispiel Ereignisse, Gerüche, Geräusche, Berührungen, aus der auslösenden Situation übertragen werden. Diese Prozesse beeinflussen das kognitive (rationale) Gehirn, also auch unser Verhalten.

<u>Erlernte Ängste</u>
Es können bestimmte Fehlverknüpfungen entstehen, für die im Nachhinein oft keine Ursache gefunden werden kann. Ein Hund geht zum Beispiel in den Garten. In dem Moment, indem er die Türschwelle übertritt, knallt es und der Hund kann nicht einordnen wo der Knall herkommt bzw. aus welchem Grund es knallt. Es kann sein, dass der Hund zukünftig Angst vor der Türschwelle hat oder vielleicht sogar vor dem Garten. Er könnte in dem Moment auch ein Kind gesehen haben und verbindet den Knall mit dem Kind, weshalb er Ängste gegenüber Kindern entwickeln könnte. Angst vor Kindern zu haben, heißt jedoch nicht zwingend, dass der Hund mit Kindern selbst schlechte Erfahrungen gemacht haben muss. Diese Dinge können schon bei der Mutter des Hundes erlebt worden sein, die ihre Erfahrungen an die Welpen weitergegeben hat, hierbei wäre die Angst genetisch bedingt und würde mit einer solchen Erfahrung letztlich nur bestätigt werden.

<u>Ängste, die durch Schmerzen oder Krankheit ausgelöst werden</u>
In einem mir bekannten Fall riss bei einem Hund in dem Moment das Kreuzband, als er gerade dabei war, auf die Couch zu springen. Der Hund verknüpfte seither die Couch mit dem Schmerz und hatte nun Angst vor der Couch, weil er nicht einordnen konnte, wodurch der Schmerz ausgelöst worden ist. In diesem Fall konnten

wir die Ursache mit Hilfe einer Tieraufstellung herausfinden und auch lösen.

Wenn ein Hund Schmerzen an bestimmten Körperstellen hat, kann er auch Angst davor haben, an diesen Stellen berührt zu werden. Auch eine Schilddrüsenunterfunktion kann Angstreaktionen begünstigen, wobei es allerdings schwierig ist, die Werte richtig zu interpretieren. So zeigt sich, dass viele Hunde, deren Werte im unteren Normal-Bereich liegen, trotzdem Schilddrüsenprobleme haben.

<u>Auslöser, bezogen auf die Sozialisation von Hunden</u>
Eine gute Sozialisation, die auf das individuelle Wesen eines Hundes ausgerichtet ist, spielt in Bezug auf die Entstehung von Ängsten eine wichtige Rolle. Das Maß ist hier hierbei sehr entscheidend, denn wo der eine Hund noch ruhig und entspannt bleibt, ist ein anderer schon längst überfordert und gestresst, möglicherweise sogar so, dass auch Ängste auslöst werden können. Die Gründe der Überforderung liegen hier vielleicht darin, dass der Hund zu unruhig oder zu isoliert aufgewachsen ist, oder mit bestimmten Dingen oder Wesen schlechte Erfahrungen gemacht hat.

Ein Beispiel wäre die Situation, in der ein junger Hund zum ersten Mal einen großen Hund mit langen Haaren sieht und vielleicht zunächst unsicher ist, wen oder was er da vor sich hat. Hat der Kleine nun Gelegenheit, das große, fellige Wesen mit Hilfe seiner Nase kennenzulernen, und ist der andere ihm auch wohlgesonnen, wird er in seinem Gehirn womöglich eine positive Erfahrung verankern können. Aber wenn ihm der erste Kontakt keine Zeit gibt, seine Nase einzusetzen und der langhaarige Hund wie eine Rakete auf ihn zugeschossen kommt und ihn möglicherweise noch überrennt, kann dies je nach Wesen des Hundes oder der jeweiligen situativen Verfassung zu einer ängstlichen oder traumatischen Verknüpfung führen. So wird der eine Hund ab diesem Zeitpunkt große Hunde meiden, während ein anderer nur auf das Fell oder die Farbe reagiert. Ein wieder anderer Hund wird vielleicht gar nicht mehr vor die Tür gehen wollen und ist allein durch diese Begegnung massiv traumatisiert. In der Psychologie wäre das gleichbedeutend mit einer Sozialphobie. Ein Hund kann aber auch in zukünftigen Hundebegegnungs-Situationen mit Aggressionsverhalten reagieren, was oft zeitversetzt passiert und sich spätestens in der Pubertät zeigt oder auch erst ausgelöst wird, wenn noch andere Belastungen für den Hund hinzukommen.

Der Einfluss von Ernährung
Aber auch die Ernährung spielt eine nicht unerhebliche Rolle, da Aminosäuren wie Tryptophen und Serotonin Stimmungen beeinflussen. Mit einem höheren Serotoninspiegel können Stress und Angst sowie Aggressionen deutlich verringert werden, was auch aus der medikamentösen Behandlung von Menschen bekannt ist. Angst und deren komplexe Reaktion ist je nach Persönlichkeit des Hundes ein komplexes System von elektrischen und chemischen Prozessen im Gehirn. Das Buch Katzen würden Mäuse kaufen von Hans Ulrich Grimm gibt Ihnen einen guten Überblick in die Inhaltsstoffe von Tierfutter.

Ein Hund, der zum Beispiel noch nie über eine Brücke gegangen ist, orientiert sich natürlich an den Reaktionen anderer Hunden und Menschen und kann auch erst einmal unsicher sein. Würde ein Hund beim ersten Kontakt mit einer Brücke am Verhalten der anderen sehen und fühlen, dass diese Brücke Angst machen kann oder vielleicht sogar muss, dann verbindet er mit der Brücke womöglich etwas Unheimliches. Bei dem ein oder anderen kann das bereits schon Ängste auslösen. Diese erlernten Ängste, die oft aus Unsicherheiten heraus entstanden sind, lassen sich meist sehr leicht lösen, wenn dem angstauslösenden Gegenstand keine große Bedeutung mehr beigemessen wird. Es ist doch nur eine Brücke oder es ist doch nur eine Mülltonne, die da auf einmal im Weg steht: Komme einfach mit mir mit, und dir wird nichts passieren, könnte hier eine erfolgversprechende Botschaft für den Hund sein. Dafür braucht es kein Futter, Spielzeug oder sonstige Motivationen, sondern einzig das souveräne und gelassene Auftreten des Menschen, denn diese Ablenkungen verhindern ein bewusstes Erleben.

Wenn ein Hund bei Ihnen einzieht, kann ich ihnen an der Stelle den Tipp geben, den Hund erstmal einige Tage ankommen zu lassen. Überfordern sie ihren Hund (egal ob Welpe oder älterer Hund) nicht mit der ganzen Verwandtschaft. Schauen Sie in Ruhe, wie das Wesen des Hundes ist und sie erhalten ein weniger von außen beeinflusstes Gefühl für ihren Hund und starten nicht gleich mit Stress für alle.

Bei Angstverhalten gibt es jedoch nicht DIE Therapieform, sondern nur individuelle Lösungswege, hat doch jeder Hund andere Gründe und Motivationen, sich in bestimmter Weise zu verhalten. Wichtig ist dabei nur, ein Training zu wählen, was bei dem jeweiligen Hund das Selbstbewusstsein fördert und dazu beiträgt, ein eventuell bestehendes Trauma aufzulösen. Homöopathie, Bachblüten oder bestimmte Ernährungsergänzungsmittel können zum Beispiel eine sehr wertvolle Unterstützung in der Angsttherapie sein.

Aggression

Die Gründe für Aggressionsverhalten sind vielfältig. Die Bereitschaft zur Aggression hängt von inneren und äußeren Auslösern ab, von Umwelteinflüssen, dem Erbgut und den Erfahrungen. Der Hund ist von seiner Biologie her darauf programmiert, gegebenenfalls Aggression einzusetzen. Neben Lernerfahrungen können auch Schmerzen bzw. Krankheiten oder Ängste (bzw. Traumata) vorliegen und ebenso kann die Ernährung ein wichtiger Aspekt sein. Aggression ist Teil des hündischen Verhaltensrepertoires, das sich in verschiedenen Zusammenhängen und Bereichen zeigen kann: zur territorialen Abgrenzung und Verteidigung, zum Schutz von Schwächeren, aufgrund von Frust, Angst oder Wut sowie auch als Werkzeug zur Durchsetzung der Befriedigung des Sexualtriebes. Daneben gibt es aggressive Verhaltensweisen, die jagdlich motiviert sind. Frust und Wut können aus Unter- oder Überforderung entstehen und in den Fällen kommt es dann zur aggressiven Energieentladung. Auch genetische und hormonelle Komponenten spielen hier in Bezug auf Wesen und Stressverhalten ebenfalls eine wichtige Rolle. Ebenso kann es sein, dass Hunde mithilfe von Übersprungshandlungen aggressive Gefühle ausdrücken, d. h. der Hund reagiert an einer anderen Stelle auf einen Konflikt. Das ist auch bei Menschen so, mehr oder weniger kennen wir das alle.

Neurologisch betrachtet werden durch bestimmte Lernerfahrungen sogenannte Datenautobahnen (neuronale Netze) im Gehirn gebildet, die innerlich (Emotion) oder äußerlich (in dem, was erlebt wird) immer wieder befahren werden. Dadurch können sich jedoch keine neuen neuronalen Netze bilden. Hier ist es wichtig, neue Wege zu schaffen, um die oft fest verankerten „Datenautobahnen" verlassen zu können. Für die Bildung eines neuen Datennetzes jedoch ist die Erforschung der jeweiligen Auslöser und der Motivation unbedingt erforderlich.

Hundehalter, die einen Hund mit Aggressionsproblemen haben, stoßen durch das Verhalten ihres Vierbeiners oft an fast unüberwindbare Grenzen. Je nach Intensität der Aggression müssen sie schon fast selbst zum Experten werden, um hier angemessen handlungsfähig zu sein. In seinem Buch *Das Aggressionsverhalten des Hundes* macht der US-amerikanische Verhaltensforscher verschiedene Zusammenhänge deutlich: *„[M]an [kann] sagen, dass Aggression bei Hunden eine natürliche Strategie der Verhaltensanpassung an die Umwelt darstellt, die dazu dient, das zu bekommen was sie wollen und das zu vermeiden/ dem zu entgehen, was sie nicht wollen. Mit jedem aggressiven Erlebnis findet ein Lernprozess statt,* *der Erfahrungswerte liefert, wie brauchbar Aggression als Weg zum alles dominierenden Ziel des Überlebens ist. Wiederholtes aggressives Verhalten führt zu einem gewohnheitsmäßigen Verhalten, weil der Hund lernt, dass Aggression funktioniert."*[16]

Emotionen und Gefühle

Dass Hunde über Emotionen und Gefühle verfügen, die mit den menschlichen bedingt vergleichbar sind, wird heute wohl kaum in Frage gestellt. Schon Charles Darwin sagte: *„Die Tiere empfinden wie der Mensch Freude und Schmerz, Glück und Unglück; sie werden durch dieselben Gemütsbewegungen betroffen wie wir."*[17] Der Psychologe Gregory Berns, Professor für Psychiatrie und Verhaltensforschung an der Emory-Universität in Atlanta, hat das nun über Messungen der Hirntätigkeit von Hunden analysiert. Der Professor kommt zu dem Schluss, dass Hunde über ein ähnliches Empfindungsspektrum verfügen wie Kinder, insbesondere, weil sie die Fähigkeit haben, Zuneigung und Liebe zu erleben.

Aktuell wird in verschiedenen Forschungen zwischen Emotionen (z. B. Verlegenheit, Schuldgefühl, Verzweiflung) und Gefühlen (z. B. Angst, Freude, Wut) unterschieden, wobei in der Regel Emotionen unseren Gefühlen vorausgehen. Aktuelle Forschungen zeigen, dass Patienten, die beispielsweise durch eine Operation am Gehirn, nicht in der Lage sind, Emotionen zu zeigen, auch nicht fähig sind, das entsprechende Gefühl zu erleben. Umgekehrt scheint es aber möglich zu sein, Emotionen ohne das entsprechende Gefühl zu zeigen.

Emotionen sind seelische und körperliche Reaktionen, die durch Signale ausgelöst und im limbischen System des Gehirnes nachgewiesen werden können. Man könnte einfach erklärt sagen, Emotionen sind konditionierte Reaktionen, die teilweise übernommen, erworben oder imitiert werden. Sie beeinflussen Körperzustände, wie zum Beispiel schwitzen oder rot werden. Emotionen lassen über die Bewegung unserer Muskeln in unserem

Gesicht Freude oder Traurigkeit erkennen. Diese Botschaften werden chemisch über den Blutkreislauf und elektrochemisch über die Nervenbahnen übertragen. Die Emotion (e-motion) steht für Energie in Bewegung, in dem Fall von innen nach außen.

So können wir unseren Hund auch oftmals besser verstehen und wahrnehmen, wenn wir bereit sind, sein vielleicht störendes Verhalten mit unseren eigenen Emotionen in Verbindung zu bringen. Letztlich sind es unsere Emotionen, die unser Leben maßgeblich bestimmen und beeinflussen, und weniger unser rationeller Verstand.

2 Der Hund als Spiegel

Über Spiegelungen von Mensch und Hund

„Nicht der äußere Mensch, sondern der innere hat Spiegel nötig. Man kann sich nicht anders sehen als im Auge eines fremden Sehers."
Jean Paul

Heute sind Menschen, allein schon rein räumlich betrachtet, näher mit ihren Hunden verbunden, weil sie nicht mehr draußen, sondern meist mit uns in Haus und Wohnung zusammenleben. Das liegt daran, dass sich die Gründe für die Anschaffung eines Hundes im Laufe der Zeit verändert haben. In der heutigen Zeit leben die meisten Hunde eher als Familienmitglieder, sie werden sogar mehr und mehr therapeutisch oder therapiebegleitend eingesetzt.
Der nahe Kontakt zwischen Mensch und Hund und die Art des Zusammenlebens bewirkt wohl auch, dass die Hunde unsere Emotionen und unsere Ausstrahlung sehr viel intensiver wahrnehmen können, als noch in anderen Zeiten: Sie können unsere Schwingungen fühlen und reagieren darauf. Ich denke, sie haben das immer schon gefühlt, nur heute beeinflusst es sie selbst, indem sie sich mehr oder weniger als sogenannte Symptomträger zur Verfügung stellen. Das könnte eine Erklärung für das heutige Wirken und das Bewusstsein als Seelenspiegel sein.
Bezogen auf das Zusammenleben und Training mit Hunden, ermöglicht das Erkennen von Spiegelungen eine andere Sichtweise, die für Menschen und Hunde auf tiefer Ebene heilsam sein kann. Sie können uns helfen, tiefere Zusammenhänge verstehen zu lernen. Wenn wir selbst ausgeglichen sind, wird unser Hund darauf reagieren und sich entspannen können. Es spielt jedoch oft eine Bandbreite von Zusammenhängen eine Rolle, warum ein Hund ein bestimmtes, vielleicht schwieriges

Verhalten zeigt. Manches ist mit einem guten Blick eines Trainers zu erkennen und mit einigen Veränderungen im täglichen Umgang miteinander findet ein Entwicklungsprozess statt.

Doch leider ist es oft nicht leicht herauszufinden, warum der ein oder andere Hundehalter notwendige Trainingsinhalte emotional und situativ gar nicht oder nur kaum umsetzen kann. Wir haben alle gelernt, nach Konzepten zu suchen, die uns mögliche Lösungen präsentieren. Wir möchten, dass unser Hund mit seinem auffälligen Verhalten aufhört. Manches liegt aber tiefer und ist nicht so einfach zu erkennen. Hier könnte die oben genannte Sichtweise sehr hilfreich sein. Die Natur hat uns diese Spiegelungen ermöglicht, um in uns selbst unausgeglichene Emotionen zu erkennen und auszugleichen zu können.

Es gibt einfache Spiegelungen, die fast jeder kennt, und die oftmals auch leicht zu erkennen sind. Wir wälzen uns vor dem Einschlafen hin und her, und auch unser Hund hat diese Eigenschaft oder wir sind mäkelig beim Essen und der Hund frisst auch nicht gerade alles. Wenn solche alltäglichen Vorlieben erkennbar sind, dann heißt das nicht gleich, dass ein bestimmter Hund diesen Menschen spiegelt, sondern vielleicht nur, dass diese einzelne Eigenschaft beide gemeinsam haben. Wir kennen vielleicht Sätze wie „Dein Hund ist so hibbelig, lustig oder entspannt wie du". Diese Dinge sind durchaus sehr sympathisch, helfen sie uns doch, unsere eigenen kleinen Macken etwas lockerer zu sehen und darüber zu lachen.

Aber auch unsere akuten persönlichen Belastungen können im Umgang mit dem Hund sichtbar werden: Ein Kollege erzählte mir vor kurzem, er hätte schon vor 20 Jahren beim Training mit seinem eigenen Hund auf den Hundeplätzen Halter gefragt, warum sie z. B. so wenig Energie haben oder genervt reagieren. Oft habe er Antworten erhalten, wie: Derjenige hätte gerade seinen Job verloren oder einen Ehekrach gehabt. In dieser emotionalen Anspannung eines Menschen ist es oft sehr schwierig, den Hund in seinem ganzen Ausdruck und mit seinen Eigenschaften wahrzunehmen. Wenn sich eine solche Situation wieder beruhigt, legt sich oftmals auch das auffällige Verhalten des Hundes wieder. Ich denke, vor 20 Jahren haben viele Menschen die Spiegelgesetze auf diese Art verstanden.

Doch mir stellte sich damals schon immer wieder die Frage, was einen Menschen überhaupt bewegt, sich für einen bestimmten Hund zu entscheiden. Eventuell für einen Hund, der so ganz anders ist, als der Halter selbst und einen aufgeregten und nervösen Menschen möglicherweise dazu bringen kann, selbst ruhiger, präsenter oder auch sicherer zu werden. Oder sich für einen Hund zu entscheiden, der ähnliche Eigenschaften zu haben schien. Ich fragte mich, warum Familienhunde selbst in der dritten Generation immer wieder ähnliche Krankheiten oder bestimmte Verhaltensauffälligkeiten zeigen. Heute habe ich Antworten auf diese Fragen oder weiß zumindest, wie sich die wirklichen Ursachen aufdecken lassen. Ursachen die durchaus tiefer liegen können, als manche situativen Herausforderungen in unserem Leben, denen wir alle hin und wieder ausgesetzt sind.

Nach dieser Unterhaltung müssten wir schon ein wenig schmunzeln als wir erkannten, dass dieser Kollege heute ein sehr engagierter Heilpraktiker und Heilpraktiker für Psychotherapie geworden ist, der Menschen sowohl körperliche als auch seelische Hilfestellung gibt. Ich dagegen habe mich für den Weg der ganzheitlichen Hunde-Trainerin entschieden, die Menschen und Hunden hilft. In meinem Studium zur Heilpraktikerin für Psychotherapie sind mir viele unbewusste Prozesse von Menschen bewusster geworden. Unsere jeweilige berufliche Entwicklung zeichnete sich schon in unserer damaligen Betrachtung auf Menschen und Hunde ab. Mich begeistern die heutigen Möglichkeiten, Menschen zu helfen und über den Tellerrand hinaus zu schauen. In diesem Prozess des Verstehens, können eben auch unsere Hunde eine große Hilfe sein, wie Eric H. Aldington schon in seinem Buch *Von der Seele des Hundes* bereits in den 1980er-Jahren beschrieb: „*Je mehr man sich mit Hunden beschäftigt, umso mehr lernt man auch, das Gefüge menschlicher, sozialer Strukturen, und ihre Wechselwirkung auf die daran beteiligten, zu verstehen.*"[18]

Mit diesen Wechselwirkungen ist ein komplexes Gefüge von Emotionen, Gefühlen und jeweiligen Spiegelungen gemeint. Lebt beispielsweise ein Hund mit einer auffällig hohen Tendenz zur Aggressivität, Dominanz oder Ängstlichkeit mit uns zusammen, kommt man vielleicht vorschnell zu dem Schluss, dass der Halter auch vergleichbare Eigenschaften besitzt. Viele Menschen empfinden das völlig berechtigt als sehr wertend und verletzend. Eine solche Betrachtung ist aber weder inhaltlich so korrekt, noch ist das so einfach zu beschreiben.

Bevor ich näher auf mögliche Spiegelungen zwischen Mensch und Hund eingehe, werde ich zum besseren Verständnis einige mögliche Ursachen von Spiegelungen und psychologischen Hintergründen, auf Menschen bezogen, erläutern.

Die Funktion von Spiegelungen bewirkt, dass bestimmte Situationen in uns bestimmte Gefühle aktivieren. Gefühle, die nicht ausgeglichen sind und die wir oftmals verdrängt haben. In unserer Gesellschaft ist es oft nicht angebracht, auf eine jeweilige individuelle Art zu trauern oder sich auf tiefer Ebene in Gesprächen auseinanderzusetzen. Wir leben unseren Alltag oft einfach weiter und der ungelöste Konflikt wandert ins Unterbewusstsein ab. Dieses Phänomen wird auch als „blinder Fleck" bezeichnet. Wir erleben auffällige, immer wiederkehrende Belastungen oder Lebensumstände oder wir werden körperlich oder seelisch krank. Bei der Suche nach Ursachen für diese Auffälligen haben wir gute Chancen, diese blinden Flecken sichtbar zu machen, um die dahinter liegenden Gefühle auszugleichen zu können.

Jeder unausgeglichene Zustand in einem inneren seelischen Prozess, beispielsweise ein Ungleichgewicht in der

Familie oder vielleicht bezogen auf unsere Arbeit, zeigt sich in der unausgeglichenen Art, mit bestimmten Themen umzugehen. Das betrifft natürlich auch den Umgang und die Erziehung unserer Hunde. Ausgeglichen sein heißt nicht, sich abhängig zu machen von der Meinung anderer oder abhängig zu sein von Umständen, die wir oft unbewusst anziehen und immer wieder erleben. Ausgeglichenheit bedingt auch, die Signale von Spiegelungen von außen wahrnehmen zu können. Das bedeutet, dass es uns mehr und mehr möglich ist, uns in bestimmten Situationen bewusst für oder gegen etwas zu entscheiden, damit wir für uns und unser Umfeld sorgen können.

Sie werden den Satz kennen, dass unsere Wohnung oder unser Haus etwas über unser Seelenleben aussagt. Wer hat nicht schon einmal gehört, dass eine unaufgeräumte Wohnung einen unaufgeräumten, unausgeglichenen Geist spiegelt. Aber stimmt das grundsätzlich so? Das würde zwangsläufig heißen, dass jemand, der lieber seine Wohnung aufräumt als vielleicht dem Partner oder dem Freund in Not zuhört, ein ausgeglichener Mensch ist. Unausgeglichenheit zeigt sich daran, dass derjenige gestresst ist, der einmal etwas liegen lässt. Einem anderen Menschen ist der Zustand der Wohnung gar nicht wichtig. Es kommt hier nicht auf den Zustand der Wohnung an, sondern wie ein Mensch mit den Anforderungen des Lebens umgeht: Unser Leben bringt immer abwechselnd Ordnung und Chaos mit sich, also Polarität. Ein Mensch, der auch mal etwas liegenlassen kann, um andere Dinge zu erledigen, ist eher ausgeglichen. Wer innerlich ausgeglichen und in Balance ist, kann ein auf Grund von äußeren Umständen auftretendes Chaos in der Form gut ertragen und empfindet dadurch kaum Stress. Er ist im Prinzip innerlich flexibler, was den Begriff der Resilienz beschreibt, also eine Art psychische Widerstandsfähigkeit. Auf diesen Begriff werde ich später noch eingehen. Störungen des inneren Gleichgewichtes sind für unser Umfeld fühlbar und können zu psychischen und somatischen Krankheitssymptomen führen. An so mancher Reaktion unseres Umfeldes oder unseres Körpers können wir innere Prozesse erkennen. Auch unsere Haut ist ein Spiegel der Seele. Wir werden rot, wenn wir uns schämen. Sind wir innerlich angespannt, spannen sich unsere Muskeln an, was wir oft erst dann bemerken, wenn es schmerzt. Die psychosomatische Medizin beschäftigt sich mit körperlich-seelischen Wechselwirkungen von Krankheiten. Auch unser Körper spiegelt unsere inneren oft unbewussten Prozesse in Form von Körperreaktionen oder Krankheiten, als Möglichkeit innere Prozesse für uns sichtbar zu machen. Durch Belastungen, die wir im Leben erfahren, baut unsere Psyche mehr oder weniger innere Ungleichgewichte auf. Das ist bei Hunden nicht anders. Manchmal sind es sogar unsere Krankheiten, die Hunde für uns tragen. Sie „solidarisieren" sich sozusagen mit unserer Art, wie wir mit dem Leben umgehen oder wollen uns Belastungen abnehmen auch wenn das im Allgemeinen unbewusste Prozesse sind. Die Art, wie wir soziale Beziehungen gestalten, also ebenso der Umgang mit unseren Hunden, spielt oft eine entscheidende Rolle, um erkennen zu können, wo es zu Ungleichgewichten kommt.

Die Gründe und Ursachen, die Verhalten und Emotionen von Menschen und Hunden beeinflussen, können sehr vielfältig sein. Spiegelungen oder etwas, was uns sehr bewegt, sozusagen „antickt", wie Traurigkeit, Angst, Unsicherheit, Ärger und vieles mehr, machen uns oft auf unsere inneren Themen aufmerksam. Wir gehen mit etwas in Resonanz, das heißt, mit dem was uns „antickt", können wir erkennen, wo gerade unsere Themen sind. Mit unseren eigenen Reaktionen und Handlungen provozieren wir oft unbewusst Situationen, die uns in den Emotionen und im Verhalten bekannt vorkommen, wir wiederholen dabei stets innere Muster. Viele von uns kennen die Gedanken: „Warum habe ich das wieder gesagt? Warum konnte ich nicht ruhiger sein? Warum habe ich mich wieder so provozieren lassen? Warum rege ich mich immer darüber auf anstatt nein zu sagen?

Ein Beispiel: Eine Besucherin unserer Gruppen regte sich fürchterlich auf, dass eine Teilnehmerin sie darum bat, ihren Hund an die Leine zu nehmen und Abstand zu halten. Sie argumentierte, dass mit der anderen Hundehalterin etwas nicht in Ordnung zu sein scheint, wenn ihr Hund doch andere beißen würde. Hunde müssen sich ja schließlich verstehen. Niemand hatte etwas von beißen gesagt, und darum ging es hier auch nicht. Sie fühlte sich allein durch diese Bitte persönlich angegriffen, obwohl diese Regeln grundsätzlich in unseren Gruppenübungen gelten, wenn nichts anderes abgesprochen ist. Die Hundehalterin jedoch war nicht bereit, die Gründe auch nur anzuhören oder zu akzeptieren und konnte auch nicht erkennen, dass sie die Wünsche und Meinungen anderer Teilnehmer auf ihre Art wertete. Also versuchte sie, einige Teilnehmer der Gruppe so zu provozieren, damit sie für sich Argumente finden konnte, warum die anderen wirklich nicht in Ordnung sind. Ich war in dem Fall gezwungen, das Training mit ihr zu beenden und sie sagte zu mir: „Das kenne ich, wenn ich in eine Gruppe komme, kriege ich Ärger und ich bin immer der Anlass dafür. Immer bin ich schuld. Ihr seid auch nicht anders, ich würde einmal drüber nachdenken, wie ihr denkt." Jeden Versuch, ihr die Gründe für die Umstände zu erklären, lehnte sie provokativ ab.

In diesem Beispiel kann es um viele innere Themen gehen, sich damit auseinandersetzen zu können, erfordert aber eine gewisse Offenheit, diese Reaktionen nicht als Angriff sehen zu wollen. Wer sich angegriffen fühlt, der sucht Möglichkeiten, sich zu wehren. Das ist erst einmal ein völlig normaler Prozess, der auch bei Hunden nicht anders ist.

Ähnliche Erlebnisse wie oben beschrieben kennen alle, die mit vielen Menschen zusammenarbeiten. Ob es der Hundetrainer, Sozialarbeiter, Arzt oder Lehrer ist. Oder ob Menschen im Verkauf, Telefonzentralen, in Personalbüros oder öffentlichen Verwaltungen arbeiten. Auch in Vereinen und privaten Gruppen finden diese Reaktionen statt. Oft haben sie mit den eigenen Emotionen dieser Menschen zu tun, manchmal wachsen wir daran und finden für uns selbst Möglichkeiten, besser für uns und andere zu sorgen. Manchmal können wir uns gut abgrenzen, manchmal nehmen wir solche Begegnungen persönlich oder es beschäftigt uns lange. Einen Ausgleich zwischen Empathie und Abgrenzung zu schaffen, ist für uns alle eine tägliche Herausforderung. Manch einer hat schon aufgegeben und macht seinen Job so gut er kann, nicht selten auf Kosten der Lebensqualität. Andere bleiben sehr engagiert und erleben solche Erfahrungen emotional intensiv. Für uns alle ist es von Bedeutung, ein Umfeld zu haben, mit denen wir ehrlich und annehmend über solche Begegnungen reden können. Damit wir nicht selbst in die Ablehnung von Menschen geraten oder uns bis zur völligen Erschöpfung Schuhe anziehen, die uns nicht gehören. Manche Erlebnisse mit unserem Umfeld aus der Perspektive möglicher Spiegelungen zu sehen, heißt, unsere eigenen Anteile zu erkennen sowie die Anteile anderer Menschen wahrzunehmen und sie dort belassen zu können.

Wenn wir Situationen begegnen, die uns immer wieder auf ähnliche Art belasten, hat das mit uns selbst zu tun, und auch das ist keine Wertung. Der Spiegel im Außen, also die Begegnungen und Reaktionen von anderen Menschen oder Umständen, zeigt uns den Weg zu unseren vor allem unbewussten Emotionen. Wenn wir uns ehrlich fragen können: „Was habe ich damit zu tun? Warum kann ich nicht handeln? Warum passiert mir das immer wieder? Warum werde ich oft krank? Warum nehme ich etwas nicht wahr?" – Dann haben wir gute Möglichkeiten, unsere Muster, die oftmals wie ein Programm ablaufen, bewusst wahrzunehmen, um sie letztlich auch verändern zu können.

Hunde haben feine Sensoren für unsere tiefen Emotionen, auch wenn diese Emotionen uns selbst nicht immer

bewusst sind. Tiere (in diesem Buch speziell Hunde) können sehr gut fühlen, mit welchem Gefühl wir Menschen uns selbst und unser Leben wahrnehmen, und reagieren darauf auf die verschiedensten Arten und Weisen.
Therapiebegleithunde müssen zum Beispiel über ein ruhiges und offenes Wesen verfügen und auch einige im Umgang wichtige Grundbegriffe kennen und zuverlässig umsetzen. Bei dieser unterstützenden Arbeit liegt der Fokus auf dem, was Hunde fühlen. Die feinstofflichen Fähigkeiten von Hunden sind hier von großer Bedeutung, um auch seelische Prozesse von Menschen heil werden zu lassen. Hunde sind auch hilfreich im Bereich der Psychotherapie. Hier kennt der Therapeut in der Regel seinen Hund sehr gut, wobei er am Verhalten des Hundes sehen kann, ob ein Patient zum Beispiel im Gespräch gerade Angst fühlt. Zu erkennen ist das für den Therapeuten möglicherweise daran, dass der Hund sich während der Therapiesitzung entfernt oder auf den Patienten zugeht. Ein Hund ist in der Lage, innere Prozesse eines Menschen zu spiegeln und weiß in der Regel sehr gut, was der Patient braucht. Hunde arbeiten dabei völlig selbständig und sehr feinfühlig – und eben diese Feinfühligkeit kann für den Therapeuten hilfreich sein, wenn er auf feinste Signale achtet und diese deuten kann.
Therapiebegleithunde reagieren sehr sensibel auf Menschen, sie fühlen Emotionen auf der Schwingungsebene, das habe auch ich während meiner Arbeit in einem Hospiz schon oft erleben dürfen. Manchmal ist der Kontakt zu einem Hund für einen Moment eine wunderbare Bereicherung, manchmal weisen Hunde auf mögliche Themen der Patienten hin, die sehnlichst ausgesprochen werden möchten. In den letzten Wochen oder Stunden des Lebens, vermag es ein Hund, dem Sterbenden einen neuen Zugang zur Natur zu geben oder auch das Sterben bzw. den Sterbeprozess insgesamt zu erleichtern. Das ist ein wunderbares Geschenk

und kann auch für die Angehörigen sehr bereichernd sein. Über diese Fähigkeiten von Hunden wird in vielen Bereichen auf der ganzen Welt berichtet.
In der Parkklinik Heiligenfeld[19], einer Klinik für psychosomatische und psychische Erkrankungen, ist seit 2010 für Patienten sogar die Aufnahme mit eigenen Haustieren möglich. Die Aufnahmeleiterin und selbst vierfache Hundebesitzerin Bianca Wesemann erklärt in einem Interview mit mir, was es damit auf sich hat:

Silvia Hüllenkremer (SH): „Frau Wesemann, warum binden Sie in der Parkklinik Hunde in die Behandlungen mit ein?"

Bianca Wesemann (BW): „Unser Konzept beinhaltet drei Bausteine: Zunächst erfolgt die Behandlung der Patienten nach dem bekannten und bewährten Klinikkonzept. Wir bieten auch Familienaufstellungen an, in die wir die Tiere der Patienten mit einbinden und die Position der Tiere in den Familien mit den Patienten gemeinsam reflektieren. Darüber hinaus kann das mitgebrachte Tier optional in die Therapie miteinbezogen werden. Somit finden zum Beispiel Einzelgespräche statt, bei denen auch die Tiere dabei sind. Eine weitere Möglichkeit, um die Haustiere in die Behandlung einzubinden, ist der Besuch einer speziellen Indikationsgruppe. Dort soll durch Reflexion eine Verbesserung der Mensch-Tier- Beziehung erwirkt werden, mit dem Ziel der Gesundung und Unterstützung des Menschen aber auch des Tieres. Letztlich möchten wir mit Verständnis für die Tierpsychologie und gegebenenfalls speziellem Training auch zu einer Verbesserung des Tierlebens beitragen. Es werden vornehmlich Hunde, aber auch Katzen und Kleintiere wie z. B. Hasen aufgenommen."

SH: „Können Sie mir erklären, wie genau der Mensch davon profitiert?"

BW: „Tiere geben eine unmittelbare und vor allem eine sehr authentische Rückmeldung auf die Stimmung des Menschen. Wenn der Mensch besser auf sein Tier achtet und es besser kennenlernt, kann er anhand der Reaktionen des Tieres sein eigenes Verhalten besser deuten. Außerdem kann ein Mensch lernen, durch sein Tier besser zu entspannen, Trost zu finden oder auch gemeinsam aktiver zu werden."

SH: „Hat die Behandlung auch Vorteile für die Tiere?"

BW: „Menschen neigen dazu, ihre momentane Befindlichkeit über das Tier zu kanalisieren. Das kann für das Tier zu stressbesetzten Situationen führen, die gestörte Interaktionen zwischen Tier und Mensch bewirken können, bis hin zu schweren Verhaltensauffälligkeiten des Tieres wie zum Beispiel starker Hyperaktivität. In der Therapie möchten wir zu einer gesunden Mensch-Tier-Beziehung hinführen, auch zur Entlastung des Tieres und zur Erhaltung seiner Würde."

Eine gute Hilfe kann auch sein, erst einmal wahrzunehmen, welche Grundtendenzen unser Hund und wir selbst haben. Günther Bloch und Elli H. Radinger, beides Wolfsforscher, Hundeexperten und Autoren, haben in ihrem Buch *Wölfisch für Hundehalter* eine einfache, aber stimmige Unterscheidung zweier Hundetypen erstellt: *„In der Verhaltensbiologie unterscheidet man grundsätzlich zwei Grundcharaktertypen: Typ A ist der wagemutige, forsche und extrovertierte Typ. Er ist bei Situationen, die neu auf ihn zukommen, und die er nicht durch sein Verhalten kontrollieren kann, schnell überfordert. Typ B ist der zurückhaltende, etwas scheue und introvertierte Typ, der alles ‚aussitzt'. Leittiere einer Familie bestehen fast immer aus einer Kombination von A und B Typen, die sich gegenseitig ergänzen."*[20]
Wenn Sie diese Unterscheidung auf die Eigenschaften von Menschen übertragen, als zugegeben sehr grobes

Raster, könnten sich Antworten ergeben, warum ein Mensch mit seinem Hund in manchen Situationen besser oder weniger gut miteinander klarkommt. Sich dieser Dinge bewusst werden, kann sehr gut helfen, manches anzunehmen oder Lösungen zu finden. Wenn Sie vielleicht nun ein wenig besser erkannt haben, welche Grundtendenz ihr Hund im Wesentlichen hat, kann das interessante Hinweise geben.

Um Informationen über sich selbst zu erhalten, kann auch das Enneagramm, ein uraltes spirituelles Modell der Selbsterkenntnis, gute Dienste leisten. So machen Richard Rohr und Andreas Ebert in ihren Ausführungen und Interpretationen deutlich, wie vielschichtig die Faktoren sind, die unser Leben beeinflussen: *„Viele unterschiedliche Faktoren kommen zusammen, prägen uns und verdichten sich zu Denk- und Handlungsstrukturen. Sie manifestieren sich als innere ‚Stimmen‘, lassen sich meist in kurze und prägnante Sätze zusammenfassen, begleiten uns – oft unbewusst – durchs ganze Leben und wirken sich maßgeblich auf unser Verhalten und unseren Charakter aus. Manchmal wurden uns diese Stimmen verbal übermittelt (‚Sag immer schön danke!‘); manchmal haben sie sich als Reaktion auf das nonverbale Gesamtverhalten der Umwelt herausgebildet (‚Komm mir nicht zu nahe!‘). Der heranwachsende Mensch reagiert auf diese Stimmen, indem er bestimmte Ideale internalisiert (‚Ich bin gut, wenn ich…‘), Vermeidungsstrategien entwickelt, um Strafen oder anderen unangenehmen Folgen des ‚Fehlverhaltens‘ zu entgehen, und spezifische Abwehrmechanismen aufbaut. Wir gehen davon aus, das wir zugleich von ‚ererbten‘ Anlagen, von familiären (systemischen) Konstellationen und von Umwelteinflüssen geprägt sind.‘*[21]

Im Internet gibt es umfangreiche Tests zum Enneagramm, mit den entsprechenden Auswertungen und Erklärungen. Es ist erstaunlich, wie treffend diese Tests sind und zu welchen interessanten Erkenntnissen sie führen können.

Wenn Erfahrungen und Emotionen von Menschen und Hunden die Angemessenheit einer Handlung einseitig beeinflussen, kommt es zu Ungleichgewichten, die unsere Psyche immer versucht auszugleichen. Schon der bekannte Psychoanalytiker C. G. Jung sprach Anfang des 19. Jahrhunderts vom Energieausgleichsgesetz, bezogen auf unser Unterbewusstsein sowie vom dynamischen Gleichgewicht der Polaritäten. Um Ihnen aufzuzeigen, welche Denk- und Handlungsstrukturen für bestimmte Spiegelungen in Frage kommen können, habe ich für Sie ein paar Beispiele zusammengestellt.

- Wer einen Partner hat, von dem er abgelehnt wird oder sich von ihm abgelehnt fühlt, es aber nicht ansprechen oder lösen kann, hat dieses Gefühl der Ablehnung möglicherweise schon viel früher erlebt. Vielleicht in der Kindheit oder in besonders belastenden Situationen.
- Bei Hundehaltern kommt es vor, das diese sehr emotional damit umgehen, wenn ihr Hund Nähe nicht zulässt. Genauso ist es auch anders herum nicht selten: Hunde, die eher „klammern" und ihren Menschen immer nah sein wollen, weil sie im selbstbestimmten situativen Abstand überfordert sind. Werden nun Vorschläge gemacht, eine Veränderung zu bewirken, kann derjenige oft vor lauter Emotion nicht angemessen handeln. Hier können tiefe eigene Emotionen die Gründe sein.
- Auch gibt es Hundehalter, die ihre Hunde nicht von der Leine lassen können, weil das Gefühl von Verlust sie emotional berührt. Hiermit sind aber nicht die Zusammenhänge gemeint, die sich zum Beispiel auf jagdliches Verhalten oder die impulsive Reaktion auf Bewegungsreize beziehen. Diese Menschen haben ein diffuses Gefühl, der Hund könnte wegrennen und nie wiederkommen. Andersherum kann es aber genauso sein, dass man seinen Hund von der Leine lässt und er sogar ständig wegläuft, um uns unbewusst auf dieses innere Thema hinzuweisen. Einige Hundehalter erleben im Alltag ständig Situationen, in denen sie etwas verlieren oder davor

Angst haben. Werden sie sich dessen bewusst, können sie die Ursache für diese Verlustängste herausfinden und sie ausgleichen.
- Genauso kann es sein, dass ein Halter die Ursache für eine Angst des Hundes erkennen möchte und es zeigt sich erst nach einer intensiven persönlichen Auseinandersetzung, wo überhaupt der Spiegel ist. Das ist für den Halter oft ebenso überraschend wie erleichternd. Denn entweder empfindet der Hund aus seinen eigenen Gründen Ängste, was unsere Emotion und Handlung beeinflusst oder möglich ist auch, dass der Hund unsere eigenen, inneren Ängste oder die eines anderen Familienmitgliedes spiegelt und wir das als Motivation sehen können, unsere eigenen Ängste loszulassen.

Manche Situationen sind bereits aus der Kindererziehung, Paartherapie und Firmenführung bekannt – warum sollten diese nicht auch unsere Hunde betreffen? Wenn in einer Partnerschaft beispielsweise nicht für die gemeinsame Erziehung gesorgt wird, fühlt das auch ein Hund. Dafür gibt es oft tiefe Gründe, die aufgedeckt werden können, um dem Hund eine Chance zu geben, angemessen zu lernen, wie er sich in der Familie verhalten sollte, um Ruhe, Sicherheit und Ausgleich zu finden.
Stellen Sie sich vor, Sie arbeiten selbst mit viel Kraft und Energie an einer besseren Impulskontrolle Ihres Hundes. Ihr Partner lässt den Hund aber zum Beispiel jagen oder unangemessen hinter dem Ball herlaufen mit dem Argument: „Ein Hund macht das so". Kein Gespräch hat bisher helfen können. Sie haben aber neben der Verantwortung verständliche Angst, dass Ihr Hund jagen gehen könnte. Das Verhalten des Hundes ist schließlich logisch zu erklären: Er macht beim Partner immer wieder die Lernerfahrung einem Impuls zu folgen und geht diesem dann nach. Beide Partner und auch der Hund haben oft sehr verständliche Gründe, so zu reagieren. Aber welche tiefen Ursachen kann es für den einen geben, dass er

die Belastung des andere nicht erkennen kann oder will? Und welche Gründe kann es geben, dass beide nicht für Klarheit sorgen können, warum übernimmt niemand Führung? Genau da setzen systemische Beratungen an. Eine Person im Familiensystem muss die Entscheidung treffen und den ersten Schritt machen, wobei es hier für keinen von beiden um Schuld geht, Ziel ist lediglich, für alle Mitglieder der Familie Lösungen zu finden um ausgeglichen zu leben. Ein Beispiel für eine ausgeglichene, gut geführte Gruppe von Menschen und Hunden ist dieses persönliche Erlebnis: In einer Gruppe, es waren fast alles Hundetrainerinnen, die sich gut kannten und aufeinander Rücksicht nahmen, kam die Idee auf, Berlin zu besuchen – und unser jüngster Hund sollte auch dabei sein. Mit diesem jungen Hund, der eine sehr niedrige Reizschwelle besitzt und über sehr viel Energie verfügt, war das schon ein verrückter Plan. In der Gruppe wurde besprochen, was für jeden wichtig ist, dabei ging es uns um Zusammenhalt und Flexibilität. Wir entschieden, notfalls in den Parks zu bleiben, wenn der Stresspegel zu hoch werden sollte oder dann nach entsprechenden Lösungen zu suchen, ohne dass sich jemand eingeschränkt fühlen muss. Jede sprach ihre Befürchtungen und Wünsche aus und wir einigten uns auf einige Regeln. Es wurde ein toller Tag mit recht gelassenen Hunden und gegenseitiger Unterstützung. Unsere Hunde schliefen sogar bei Pausen in Restaurants und Cafés ein. Sie reagierten alle völlig gelassen auf freilaufende Hunde, und die erste Fahrt in einer S-Bahn verlief für unseren jüngsten wie ein großes spannendes Abenteuer. Hier ist uns allen sehr bewusst geworden, wie elementar wichtig es ist, in Gemeinschaften offen die eigenen Ansichten und Erfahrungen anzusprechen, ohne gewertet zu werden oder selbst zu werten. Denn nur so kann sich die gesamte Gruppe inklusive der Hunde wohlfühlen. Und nur so können wir alle authentisch sein und uns ehrlich angenommen fühlen.
Unsere sozialen Beziehungen beeinflussen unsere Emotionen und Handlungen. Wenn wir darauf achten, wie

wir uns in einer Gemeinschaft fühlen, können wir Antworten über uns selbst erhalten. Auch der Heilpraktiker für Psychotherapie, Coach und Buchautor Veit Lindau schreibt darüber in seinem Buch *Heirate dich selbst*: „*Es ist übrigens nicht möglich, Deine Bedürfnisse rational auszutricksen, da sie unter anderem durch Dein limbisches System gesteuert werden. Du kannst Dir also noch so viel Argumente heranziehen, um Dir eine Situation schön zu reden, wenn die Arbeit, der Du täglich nachgehst oder die Beziehung, in der Du lebst, Deine elementaren Grundbedürfnisse nicht erfüllt, wirst Du es deutlich fühlen. Nicht erfüllte Bedürfnisse suchen sich Ersatzkanäle für ihre Befriedigung und diese sind meistens destruktiv.*"[22]

Unser gemeinsamer Ausflug in Berlin war für uns alle ein wunderbares Erlebnis mit viel Spaß, weil unsere innere Haltung sich im Verhalten unserer Hunde spiegelte. Unser jüngster Hund ist sehr feinfühlig, braucht aber auf bestimmten Ebenen ganz klare Grenzen: Er fühlt jede Unsicherheit und nutzt das gnadenlos aus. Wenn ihm etwas wichtig ist, rutscht er in ein unglaublich triebhaftes Verhalten, was mit Verhandeln in keiner Art und Weise zu stoppen ist. Im ersten Jahr seiner Entwicklung haben wir auf der systemischen und der Trainings-Ebene durch sein Verhalten einiges bei uns selbst erkannt und konnten daraus lernen. Wenn er in unserem Gruppentraining dabei ist, dient er heute als Barometer für die innere Haltung von Menschen und Hunden, was dankbar von Kunden angenommen wird. Es ist selbstverständlich, dass ich die Führung und Verantwortung für ihn und die Gruppe übernehme. Mein Ehemann und ich sind auch für diesen Hund sehr dankbar, die Erfahrungen mit ihm haben unseren Horizont erweitert, weil auch wir bereit waren, nach Lösungen in unserem eigenen Leben Ausschau zu halten.
Unsere Hunde so zu nehmen wie sie sind, ohne dabei Verantwortung und Führung zu vernachlässigen, ist eine spannende Herausforderung. Nicht selten zwingen

uns die Umstände, unsere persönliche Sichtweise auf Situationen und Themen zu hinterfragen.

Ich bin überzeugt davon, dass jeder Mensch und jeder Hund wunderbare Eigenschaften und Fähigkeiten hat, die für andere Menschen und Hunde wahre Schätze an Informationen bieten können. Manchmal müssen wir diese Fähigkeiten erst entdecken und uns trauen, entgegen der Meinung anderer, diese auch auszuleben. Wenn wir authentisch dabei sind, spielt es keine Rolle was andere denken. Wer selbst glücklich ist, hat viel zu geben. Er braucht andere Menschen oder sich selbst nicht werten oder auszubremsen, das schließt situativ notwendige Grenzen keineswegs aus.

Zentrale Themen bezogen auf Spiegelungen

Manchmal weisen uns unsere Familienmitglieder, inklusive unserer Hunde, mit ihrem Verhalten auf unbewusst belastende Themen hin. An diesen Reaktionen tragen weder Menschen noch Hunde irgendeine Schuld. Die Interpretation von Schuld würde eine gewünschte gewinnbringende Entwicklung verhindern. Sind Ihnen vielleicht beim Lesen dieses Buches einige Themen bezogen auf Hunde aufgefallen, bei denen Sie durch Training alleine keine Verhaltensveränderungen bewirken konnten? In diesem Fall kann eine Betrachtung der Spiegelgesetze durchaus hilfreich sein. Die in diesem Kapitel erwähnten Beispiele sind themenübergreifend, das heißt, dass beispielsweise eine zu hohe Aufregung auch Ursache für aggressives Verhalten sein kann. Im Grunde ist Unausgeglichenheit auf viele Themen bezogen Auslöser für bestimmte Verhaltensweisen. Die hier angeführten Beispiele sind nur Hinweise, natürlich können auch ganz andere Zusammenhänge bei allen Themen eine Rolle spielen.

Dominanz

Vor kurzem hörte ich einen Tierpfleger zur Spiegel-Thematik Mensch-Tier sagen: „*Menschen mit wenig Selbstwertgefühl haben alle Angst vor Kontrollverlust, dominieren ihre Tiere um Druck abzubauen. Die Tiere sind dann genauso, das heißt Spiegelgesetz.*"
Der Tierpfleger wertet mittels dieser Aussage vielleicht aus persönlichen Gründen dieses Thema. Möglicherweise fühlt sich für ihn selbst klare Führung wie Dominanz an (im negativen Sinn), weil er mit dem Thema in Resonanz geht, also selbst emotional reagiert. Natürlich stimmt diese Aussage so nicht, nicht jeder Mensch mit geringem Selbstwertgefühl dominiert seinen Hund oder allgemein sein Tier, sein Umfeld etc. Er kann ganz anders reagieren, er kann sich zum Beispiel unangemessen subdominant (unterwürfig) verhalten, oder als Selbstschutz emotionslos oder unangemessen emotional reagieren.
Natürlich hat nicht jeder Mensch mit Angst vor Kontrollverlust wenig Selbstwertgefühl. Vielleicht hat er auch etwas sehr Einschneidendes erlebt, wie vielleicht die Trennung oder den Verlust eines geliebten Menschen. Wenn innerer Druck abgebaut werden muss, hat das nicht zwangsläufig zur Folge, ständig dominieren zu müssen. Eine andere Möglichkeit wäre, dass derjenige diesen Druck über seelische wie körperliche Krankheiten abbaut.
Wenn ein Mensch tatsächlich inneren Druck abbauen muss, hat das Gründe und Ursachen, auf die Menschen als auch Hunde völlig verständlich reagieren müssen. Es kann möglich sein, dass ein Mensch selbst unangemessen dominiert wurde oder wird, also dieses Gefühl kennt. Oder dieses Gefühl spielt im Familiensystem für jemand eine entscheidende Rolle.
Gesunde Dominanz hat nichts mit Gewalt zu tun, es bedeutet nur, dass bestimmte Lebewesen in einer Gruppe zum Wohl der Gemeinschaft Entscheidungen treffen.

Ansonsten würde sich schlicht und ergreifend keine gute Gemeinschaft bilden können. Denken sie an einen geschätzten Kapitän einer Fußballmannschaft, niemand hat hier Probleme mit angemessenen dominanten Entscheidungen. In menschlichen Familien sind diese situativen (auch dominanten) Handlungen ebenfalls sehr wichtig und finden genauso statt.

Es kann zum Beispiel durchaus eine dominante Handlung nötig sein, wenn jemand in einer Familie ungehemmt Geld ausgibt ohne die Gesamtsituation zu beachten. Damit kann derjenige die ganze Familie belasten, also muss hier jemand Führung übernehmen. Wenn nötig, indem er dominant handelt, um die Situation nicht eskalieren zu lassen. Es kommt jedoch unweigerlich zur Eskalation, in welcher Form auch immer, wenn ein Partner sich nicht dominieren lässt, also diese Form der Einschränkung nicht akzeptiert. In dem Fall ist keine Klärung ohne entsprechende Konsequenz möglich. Bei Hunden käme es in Vergleich dazu zum Kampf.

Auch hier ist die Frage nach der Ursache nötig, weshalb jemand ungehemmt Geld ausgibt, um empathisch Hilfen anbieten zu können. Um diese Hilfe annehmen zu können, muss derjenige bereit sein, die Gründe dafür bei sich persönlich aufdecken zu wollen. Entweder die Familie verhält sich hier subdominant und akzeptiert dieses unreflektierte Geldausgeben einer Person mit allen Konsequenzen, oder jemand aus der Familie setzt seine Bedürfnisse nach ausgeglichenem Geld Ein- und Ausgang wie auch immer durch.

Wenn hier von einem Partner eine Verhaltensänderung zum Wohle der Familie verlangt wird, könnte der andere sich völlig unreflektiert in seiner Empfindung angegriffen fühlen. Dann hat der Begriff Dominanz eine negative Bedeutung, zumindest für die Person, die mit dem eigenen Verhalten ungehemmt Geld auszugeben Auslöser für die Reaktion seines Partners ist. Wird diese Spiegelung nicht erkannt und angenommen, kann diese Person ausrasten. Sie stößt an Grenzen, mit denen sie nicht umgehen kann, weil sie emotional reagiert. Diese Spiegelung wird sich so lange, in welcher Form auch immer zeigen, bis sich mit den Gründen für das unreflektierte Geldausgeben befasst wird.

Dieses Beispiel kann auf viele Situationen im Zusammenleben von Lebewesen übertragen werden. Stellen sie sich vor, ein Hund zeigt eine unangemessene und für die Gemeinschaft schädigende Verhaltensweise. Beispielsweise ihr Hund nimmt den Futternapf in Besitz. Wenn es für einen Hundehalter nicht möglich ist, den Raum ohne Bedrohung vom Hund zu betreten, kann dieses dominante Verhalten auf den Futternapf bezogen, für andere sowie auch für den Hund selbst eine Gefahr bedeuten. Der Hund hat das Verhalten möglicherweise erlernt, das ändert aber nichts daran, dass es Folgen hat, wenn niemand Verantwortung übernimmt. Auch ein Kind könnte mit entsprechenden Folgen unbedarft diesen Raum betreten. Hier würde das Verhalten des Hundes die gesamte Familiensituation dominieren. Wenn niemand handelt, wäre das schlicht und ergreifend eine subdominante Haltung der Situation gegenüber, die unter Umständen vielleicht sogar sehr gefährlich werden kann. Wie auch immer jemand die Verhaltensprobleme lösen oder Ursachen erkennen kann, hier gilt es zu handeln, um etwas verändern zu können, zum Wohl der gesamten Gemeinschaft. An dieser Stelle konkrete Lösungen aufzuzeigen, ist nicht angemessen, weil die Gründe und Ursachen für ein solches Verhalten sowohl beim Hund als auch bei Menschen sehr komplex sein können.

Handeln im Sinne des Familiensystems ist, das derjenige, der die nötigen Kompetenzen hat, Lösungen findet und angemessene Entscheidungen trifft. Er kann so die Zukunft und die Lebensqualität aller Beteiligten sichern. Sonst wirft jeder dem anderen vor „Du musst dich ändern, du musst dies oder das tun", was aber nicht selten zum gegenseitigen Rückzug führt. Nur wenn aus diesem Kreislauf eine Person aussteigt, können Möglichkeiten gefunden werden, die für das gesamte Familiensystem Veränderungen bewirken.

Führung

Ähnlich wie das Wort Dominanz verknüpft nicht jeder Mensch mit dem Begriff Führung gewinnbringende Emotionen. Führung im positiven Sinn strebt ein ausgeglichenes Familienumfeld an. Aktiv führen, also den Führungsprozess bewusst gestalten, bedeutet, dass wir das, was in unserer Familie für Ausgleich sorgt, gezielt und bewusst beeinflussen. Jemand, der sich situativ führen lässt und auch davon lernt, kann auch selbst situativ in voller Verantwortung führen. Wer immer zu „laut" oder zu „leise" ist, der führt nicht, er reagiert aus seiner eigenen inneren Haltung/Einstellung heraus. Jeder hat dafür seine in der Emotion völlig verständlichen Gründe, etwas vielleicht nicht so umsetzen zu können, wie es für sein Umfeld nötig ist. Doch wenn unsere Partner, Kinder oder unsere Hunde auffällig reagieren, sind wir selbst, in welcher Form auch immer, daran beteiligt.
Eine ausgeglichene Gemeinschaft ist weder für Hunde noch für Menschen ohne angemessene Grenzen und angemessene Interaktionen möglich. Wonach sehnen sich alle, wenn Gemeinschaften nicht funktionieren? Nach jemandem, der Entscheidungen treffen kann und keine Auseinandersetzung scheut, weil er über Wissen, Empathie und Durchsetzungskraft verfügt. Nach jemandem, der die Verantwortung übernimmt, der Führungskompetenzen hat. Ein Beispiel wäre ein Chef, der Mobbing nicht zulässt, indem er den Auslöser eines Konflikts zur Rede stellt, auch wenn dieser „ausrastet". Auf Hunde bezogen kennt wohl jeder den Satz: „Hunde regeln das unter sich", die Frage ist nur, ob das jeweilige Ergebnis in unserem oder im Sinne der Gemeinschaft ist. Führung hat in Bezug auf eine Gruppe immer das Ziel, für einen Ausgleich zu sorgen. Hier ein Beispiel: In einer unserer Gruppen brachte ei-

ne Halterin ihre Tochter mit. Die Mutter hatte enorme Probleme mit dem Hund. Immer wenn ich ihr vermitteln wollte, was ihre Emotionen damit zu tun haben, kam ein „Ja, aber". Ich bat also ihre 10-jährige Tochter einige Übungen mit dem Hund zu machen. Wir staunten alle nicht schlecht, wie sehr auf den Punkt sie mit dem Hund umging, von irgendwelchen unlösbaren Problemen mit dem Hund war nichts mehr zu sehen. Die Tochter erklärte uns dann völlig selbstbewusst: „Das ist ganz einfach, ich vermittle meine Grenzen und wenn das klar ist für den Hund, dann haben wir auch viel Spaß zusammen". Jeder konnte sehen, wie sehr die beiden sich zueinander hingezogen fühlten, obwohl der Hund auch hier und da mal einen kleinen Knuffer bekam. Sie fügte noch hinzu: „Meine Mama macht das irgendwie anders, aber das macht nichts, wenn sie Probleme hat, ruft sie mich und dann läuft wieder alles". Die Gesichtsfarbe der Mutter wandelte sich von rot zu weiß, und sie weinte ganz ruhig, konnte sich dann aber gerade durch diesen Spiegel sehr öffnen. Sie erzählte anschließend in einem sehr ruhigen Gespräch, dass ihr das endgültig klargemacht hat, dass sie umdenken muss. Genauso würde ihre Tochter auch sprechen, wenn es um andere Dinge in ihrem Alltag ging. Das alles sollte die Tochter und auch der Hund nicht mehr tragen müssen, dafür muss und will sie nun die Verantwortung übernehmen. Sie kam gerne weiter zum Training, machte einige Aufstellungen zu verschiedenen Themen und setzte sich mit vielem offen auseinander. Heute ist die gesamte Familie ein super Team, in dem sich alle wohl- und sicher fühlen, ein Team in dem es auch mal rumpeln darf, um wieder für Harmonie zu sorgen. Ich finde, das ist ein schönes Beispiel von Hunden und ihren Menschen nach dem Motto: Führung kann so einfach sein und für alle Entspannung bringen. Die Mutter hat ihren Anteil dieser Spiegelung erkannt und angenommen und konnte ihre eigenen Themen lösen, was der ganzen Familie sehr geholfen hat.

Ich kann Ihnen hier auch ein Beispiel nennen für eine von mir verpatze Führung: Ich war mit einer Hundehalterin, ihrem jungen Hund und unserem damals einjährigen Briard in einem Wald, den ich nicht gut kannte. Sie fragte oft nach, warum wir die beiden denn nicht laufen lassen können. „Es wird schon gut gehen", meinte sie. Mir war innerlich völlig klar, dass das nicht funktionieren kann. Sie konnte nicht erkennen, auf welch hohem Energie-Niveau ihr Hund war. Alleine das machte es auch für meinen Hund nicht einfach, ruhig zu bleiben. Ich war aber irgendwann so genervt, das ich einem Freilauf zustimmte. Ich gebe zu, es war auch mein Ego, das ihr zeigen wollte, wie Recht ich hatte.

Was nun folgte, war alles andere als in Ordnung. Natürlich sind Hundetrainer auch nur Menschen, es ändert aber nichts an den Folgen. Die beiden Hunde rasten, kaum von der Leine, völlig kopflos in der Gegend herum, eine Einwirkung war nicht mehr möglich. Eine Spaziergängerin beschwerte sich zu Recht, denn die beiden rasten an ihr in hohem Tempo vorbei. Falls die Spaziergängerin das liest, entschuldige ich mich nochmal in aller Form. Mir wurde in dieser Situation noch einmal sehr bewusst, wie wichtig es ist, bei dem eigenen Gefühl zu bleiben, egal wie andere darüber denken.

Durch solche Situationen könnten wir uns fragen, ob wir vielleicht in anderen Situationen auch gegen unsere innere Stimme handeln. Vielleicht haben wir Angst vor Ablehnung, vielleicht trauen wir uns nicht, unsere Meinung zu vertreten. Vielleicht wollen wir auch so sehr zu einer Gruppe gehören, notfalls für den Preis nach einer Weile doch ausgegrenzt zu werden, weil wir nicht ehrlich sind. Es ist möglich, dass wir gelernt haben, uns lieber unauffällig zu verhalten um nicht aufzufallen. Doch der Spiegel zeigt sich nicht selten gerade und insbesondere in den auffälligen Verhaltensweisen unseres Hundes, unserer Kinder, Familienmitglieder oder Arbeitskollegen.

Bei uns sind öfter Hunde zu Besuch, mit einer inneren Haltung, die ich so beschreiben würde: „Los packt mal meinen Koffer aus, Kaffee trinke ich schwarz und hopp hopp, die Couch gehört mir". Gegen eine klare Ansage der Hunde ist nichts zu sagen, aber nicht jeder Hund ist so souverän, diese Ansage auch zu verstehen und zu akzeptieren. Würde ich in diesen Fällen diese Hunde mit dieser inneren Haltung/Einstellung bei uns ins Haus lassen, gäbe es früher oder später ernsthafte Auseinandersetzungen. Doch nicht jeder Mensch kann diese innere Haltung eines Hundes erkennen, was uns nicht gerade Führungskompetenzen gegenüber unseren Hunden bescheinigt. Wir übernehmen in unserem Haus Verantwortung für alle, die in diesem Haus zusammen sind, weil es für uns wichtig ist, das sich alle wohlfühlen. Unsere Hunde sind wie alle Hunde keine Kuscheltiere (obwohl wir natürlich mit ihnen kuscheln), sie reagieren feinfühlig auf Signale von außen. Wir nehmen die Situation in die Hand, machen dem Besuchshund klar, dass er mit dieser Einstellung noch nicht mal ein Wasser erhält und er das zu akzeptieren hat. Wir vermitteln aber auch an unsere Hunde, dass wir Menschen das regeln und sie sich rauszuhalten haben. Meist reichen im Allgemeinen völlig unspektakuläre Grenzen an den richtigen Stellen aus, ich nenne es Timing auf Basis der Intuition. Oft ist auch ein gemeinsamer Spaziergang mit Regeln und Grenzen im Vorfeld hilfreich.

Es ist immer wieder interessant zu sehen, wie unsere Hunde dann reagieren. Sie wechseln in manchen Fällen den Raum, wenn ein solcher Hund in ihre Nähe kommt. Sie wollen keinen Kontakt mit dieser respektlosen inneren Haltung, und sie brauchen nichts regeln, weil sie geführt werden. In diesen Fällen spiegeln unsere Hunde diese innere Haltung des Besuchshundes auf ihre Art. Nach einer Weile sieht man schon fast die Sprechblase des Besuchshundes „Was mache ich falsch, das ihr mich nicht in euer Rudel aufnehmt?" Und schwubs sieht man eine andere Reaktion meiner Hunde, sie antworten im Prinzip auf eine zielführende offene Frage. Die Frage nach den Regeln dieses Rudels und diese beziehen sich auf Ausgeglichenheit. Sie bleiben zuerst liegen, wenn der andere näher kommt, dann wenden sie sich ihm zu und dann sind sie ein Team, was offen und respektvoll kommuniziert. Wenn ich den Haltern vom Verhalten ihrer Hunde erzähle, bekomme ich oft ähnliche Antworten wie diese: „Das würde ich mich bei uns nie trauen. Der Hund des Nachbarn räumt mit unserem Hund zusammen erstmal alles ab und das Chaos ist perfekt, wir können uns nicht mehr zusammen mit den Hunden treffen" oder „Ich muss zuerst die Katzen einsperren". Sie beschreiben, was für ein hilfloses Gefühl sie dabei haben und erzählen, wie ähnlich sich solche Situationen abspielen, wenn ihre Kinder Besuch von anderen Kindern bekommen. Dem einen oder anderen Hundehalter wird erst dann bewusst, wie sehr eine fehlende Führung den gesamten Familienfrieden stören kann.

Über Führung können wir so vieles von unseren Hunden lernen. Es ist schön zu beobachten, wie Hunde im Hier und Jetzt leben. Sie reagieren auf die jeweilige Energie in einer Gemeinschaft. Welche innere Haltung (Einstellung) diese Besuchshunde zu Beginn hatten, spielt dann keine Rolle mehr. Manchmal bieten unsere Hunde ihnen später im übertragenen Sinne sogar einen gemeinsamen Kaffee an. Niemand denkt hier über Konditionierung im Sinne von Belohnung nach, der Lerneffekt fand auf ganz natürliche Art statt.

Eine Kundin von mir ist Tierphysiotherapeutin und Inhaberin eines Fellpflegesalons und muss mit den unterschiedlichsten Hundecharakteren und erlerntem Verhalten von Hunden umgehen. Sie beschreibt Folgendes mit ihren Worten:

„Manche Hunde ziehen einen Fuß zuerst weg oder wollen gerade nicht akzeptieren, dass sie an bestimmten Stellen gebürstet werden müssen und zappeln zum Beispiel herum. Ich könnte anfangen, über die Stelle, um die es in dem Moment geht, zu diskutieren, aber ich strahle Souveränität aus und mache einfach an einer anderen Stelle weiter. Ich gebe dem innerlich nicht nach mit meinem Verhalten, sondern ich setze mich durch, denn unter dem Strich

wird doch alles gebürstet. Ich lasse mich nicht aus der Ruhe bringen, da braucht es kein Wort oder Leckerchen von mir. Von Mal zu Mal werden die Hunde ruhiger und gelassener, weil meine Souveränität und Selbstsicherheit keinen Anlass für Unruhe und Unausgeglichenheit bietet. Hunde untereinander machen aus solchen Dingen keine große Sache. Auch Hunde, von denen ihre Halter sagen, sie würden sich nicht ohne Schnappen etc. bürsten lassen, machen, wenn ich sie bürste, kein großes Ding daraus. Einige Hunde haben gelernt dass bei minimalen Reaktionen die Fellpflege abgebrochen wird, ich bleibe einfach dran. Das ist das ganze Geheimnis."

Wenn Sie eine selbstbewusste Katze haben, können Sie gut beobachten, wie souverän und unmissverständlich sie sich gegenüber Ihrem Hund verhält, sie von ihm Raum und Respekt einfordert. Jeder Hund versteht, dass die Katze dort entlang geht, wo sie will, und schon ein Blick genügt, und der Hund räumt gelassen das Feld. Und in anderen Situationen kuscheln sie zusammen. Ich denke, mein „vermenschlichtes" Denken in der Beschreibung unseres Hundebesuches ist gar nicht so falsch, so unterschiedlich sind die Bedürfnisse von Hunden und Menschen in diesen Situationen nicht. Auch wir Menschen möchten situativ geführt werden und brauchen einmal Hilfe und Tipps, um die Herausforderungen des Lebens meistern zu können. Wir möchten auch an wohlwollend gemeinten Grenzen lernen dürfen, ohne gewertet zu werden, wir möchten Schutz und Sicherheit, und ein gewisses Maß an Freiheit, mit der wir angemessen umgehen können. Wir möchten sagen können – unsere Hunde zeigen es an ihrem Verhalten – wie es uns geht und was wir brauchen, und darin möchten wir wahrgenommen werden. Wir möchten unsere Fähigkeiten ausleben und zwar so, dass wir in dieser Gesellschaft einen guten Platz finden. Wir möchten in unseren Partnerschaften Reibungspunkte, die uns mehr zusammenwachsen lassen, weil wir uns zusammen entwickeln möchten als Team. Nichts anderes brauchen auch unsere Hunde in den Gemeinschaften, in denen sie mit uns leben.

In unseren Gruppen machen wir öfter Übungen mit verbundenen Augen. Die Hunde sind an der Leine, die jeweiligen Halter müssen ohne sehen zu können, anderen Haltern vertrauen, die sie mit Worten über einen kleinen einfachen Parcours führen. Es zeigt sich sehr schnell wer hier gerne und gut führt, und wer sich in der geführten Rolle wohler fühlt. Oder wer beides situativ gut umsetzen kann, also ein guter „Teamplayer" ist.

Wenn Halter das auf ihre Lebenssituationen übertragen, werden oft sehr hilfreiche Zusammenhänge erkannt, die Hunden wie Menschen sehr weiterhelfen können. Einen ehrlichen inneren Blick auf das, was es in einer bestimmten Situation braucht, bringt Erkenntnisse, die Menschen ein Gefühl von Klarheit und Souveränität geben. Es ist erstaunlich, wie sich nach solchen Übungen die Energie und Ausstrahlung für alle verändert, und das vielleicht, weil hier die Emotionen der Beteiligten bewusst werden. Es lohnt sich, einen ehrlichen Blick auf sein Umfeld und sich selbst zu werfen, damit sich Strukturen ändern können aus innerer Überzeugung und Verantwortung.

Unsere Hunde sind wunderbare Wesen, die offene und engagierte Menschen brauchen, die selbstbewusst mit ihren Problemen und Sichtweisen umgehen können. Auch wenn wir alle hier und da einen Impuls brauchen oder einfach etwas Hilfe, um uns auseinandersetzen zu können – der Wunsch nach Ausgeglichenheit liegt in unserer Natur.

Impulsivität / Hyperaktivität (mangelnde Fähigkeit zur Impulskontrolle)

Die Thematik der Impulsstörung ist auch bei Hunden bekannt. In der Klassifikation psychischer Störungen bei Menschen, der ICD 10[23], werden Störungen der Impulskontrolle so beschrieben: *„In dieser Kategorie sind verschiedene, nicht an anderer Stelle klassifizierbare Verhaltensstörungen zusammengefasst. Sie sind durch wiederholte Handlungen ohne*

vernünftige Motivation gekennzeichnet, die nicht kontrolliert werden können und die meist die Interessen des betroffenen Patienten oder anderer Menschen schädigen. Die betroffene Person berichtet, aufgrund von dranghaften Impulsen zu handeln."[24]
Störungen der Impulskontrolle und impulsives Verhalten sind oft nicht leicht zu unterscheiden und der Übergang ist oft fließend. Hier stellt sich eben die Frage, aus welchen Ursachen heraus Hunde und Menschen in diesem Zusammenhang so handeln und reagieren. Einige Möglichkeiten, auf Hunde bezogen, habe ich im ersten Kapitel erwähnt. Diese können sich möglicherweise spiegeln.
Hier ein Beispiel, das sehr gut das Zusammenspiel von innerem Erleben und äußerem Handeln darstellt. Es zeigt auch die Spiegelung eines Menschen auf den Hund: Vor kurzem sah ich einen Hundehalter an einer Straße, der seinen Hund an einer langen Leine um die Brust festhielt. Das verhinderte wohl einfach nur, dass der Hund ersticken musste. Leider kursiert immer noch bei dem ein oder anderen die Idee, ein Geschirr zu verwenden, damit der Hund beim Ziehen noch Luft bekommt. In der anderen Hand hielt der Halter eine Wurfschleuder mit Ball. Dieser Hund stand sozusagen in der Leine – und auch das ist Lernverhalten, denn der Hund lernt zum Beispiel Stress mit der Leine zu verbinden. Es bleibt offen, wie und in welcher Form der Hund diesen Stress wieder abbauen kann.
Eine Teilnehmerin unserer Gruppen kannte ihn und erzählte mir Folgendes: Der Mann lebt seit einem Jahr getrennt von seiner Frau und seinen Kindern. Seine Frau hat sich getrennt, weil er neben seiner neunstündigen Arbeit diversen Hobbys nachging, bis hin zur körperlichen Erschöpfung. Zeit und Erleben mit der Familie gab es sehr lange nicht mehr. Die Trennung scheint für ihn jedoch nicht ausgereicht zu haben, um wahrnehmen zu können, dass er vor lauter Aktivität nicht mehr in der Lage war, selbst zur Ruhe zu kommen und Zeit für die Kommunikation mit der Familie zu haben. Er lebt quasi

in seiner eigenen Welt und überträgt die Art, seine Impulse immer ausleben zu müssen, nun verstärkt auf den Hund, der ebenso in seiner eigenen Welt lebt und alles andere als ausgeglichen ist.

Wenn wir selbst nicht mehr wahrnehmen können, wie weit wir uns von Ausgleich und wirklichem Kontakt entfernt haben, zeigen uns das oftmals unsere Hunde und geben uns damit den Anstoß, die Situation positiv zu verändern. Viele Menschen fragen nach den Ursachen für ein vielleicht schwieriges Verhalten ihrer Hunde, und finden dadurch häufig den Weg zu sich selbst.

Unangemessene innere oder äußere Stressfaktoren beeinflussen auch hyperaktives Verhalten, Angst und Aggressionen bei Menschen wie auch bei Hunden. Hier nur einige Möglichkeiten, die mit Spiegelgesetzen zu tun haben könnten:

- Es können eine Bandbreite von Erfahrungen gemacht worden sein, auch vorgeburtliche Erfahrungen. Bei Hunden und Menschen gleichermaßen ist die erste Zeit des Lebens ganz besonders prägend, weil sie emotional sehr empfindlich und sensibel sind.
- Es könnte sein, dass der Mensch, oder auch ein anderes Familienmitglied, die starke Tendenz zur Impulsivität hat, und der Hund dies spiegelt. Man handelt also sehr impulsiv aus welchen Gründen auch immer, die Folgen dieser spontanen Entscheidungen werden erst später bewusst. Da wird mal eben etwas gesagt, was einem nachher leid tut, man kündigt schnell einen Job oder eine Freundschaft, kauft Dinge, die man im Grunde gar nicht kaufen will. Oder weil man etwas nicht gleich bekommt, sucht man sich sofort Alternativen, ohne über die Folgen nachzudenken.
- Es kann auch sein, dass der Hund oder jemand aus der Familie nur wenig Frust ertragen kann oder vieles bei ihm Frust auslöst.

- Möglich ist auch, dass ein Hund keinen Platz in der Familie hat, er findet sozusagen keinen Halt und versucht deshalb, mit seiner Aktivität auf sich aufmerksam zu machen. Das kann verschiedene systemische Gründe haben.
- Aus der Bindungsforschung ist bekannt, dass vor allem frühe Trennungen in der Kindheit, Verluste und Instabilität von Bezugspersonen zu großem Stress, Traumatisierungen und damit auch zu hyperaktivem Verhalten führen können. Die Zusammenhänge können sich gegenseitig spiegeln, weil die Ursachen und erlebten Gefühle für beide vergleichbar sind.

Angst

Die Entwicklung der Menschheit erforderte immer Lösungen, die Angst vor Naturgewalten, Hunger und Not zu überwinden. Dabei haben Menschen die Erfahrung gemacht, diese Bewältigungsstrategien zu erweitern, indem sie sich zusammenschlossen und ihre jeweiligen Erfahrungen untereinander austauschten.
Auch Angst kann in verschiedenen Formen gespiegelt werden. In der Ethologie, die sich mit Erforschung, Beobachtung und Analyse des Verhaltens von Tieren und Menschen befasst, ist der Begriff der Gefühlsansteckung bekannt. Es wird vermutet, dass dies mit den Spiegelneuronen zusammenhängt, auf die ich noch näher eingehen werde. Schon Babys schauen bei für sie unsicheren Ereignissen auf die Mutter, um deren Einschätzung zu ergründen. Auch bei Tieren ist bekannt, dass sie sich am Umgang mit bestimmten Auslösern und Situationen in Gruppen orientieren. Als Beispiel: Pferde als Fluchttiere leben beispielsweise stets in einer Herde zusammen und orientieren sich an ihrer Leitstute. Wittert diese Gefahr gibt sie ein kurzes Signal und die gesamte Herde setzt sich umgehend in Bewegung, um dem Angreifer zu entfliehen. In dem Fall wäre es eine völlig angemessene Reaktion auf

Gefahr. Wie würde die Herde leben, wenn die Leitstute bei jedem entspannten Schnauben flüchten wollte? Spiegelungen von Angst sind meiner Meinung nach nicht grundsätzlich in direkter Art zu verstehen. Ein Hund, der ängstlich ist, hat nicht zwangsläufig einen Halter, der eine ängstliche Grundhaltung hat. Setzen sich Menschen mit möglichen Ursachen auseinander, wird in manchen Fällen eine abgegrenzte und empathische Führung erst möglich. Diese Auseinandersetzung ist verständlicherweise gerade beim Thema Angst für uns alle nicht einfach.

Alle unbewussten oder bewussten Erfahrungen geben wir weiter an unsere Umwelt. Zum Beispiel ist vielen von uns das Gefühl der Angst vor einer Prüfung bekannt. Im nächsten Teil des Buches beschreibe ich die möglichen Gründe in Form eines Beispiels. Wenn wir diese Herausforderung gemeistert haben und die Prüfung bestehen, weil wir uns notwendige Unterstützung zielgerichtet suchen, arbeiten die Belohnungszentren in unserem Gehirn auf Vollgas. Wenn wir dann jemandem begegnen, der uns seine Angst vor einer Prüfung mitteilt, dann können wir die Erfahrung, diese Herausforderung erfolgreich gemeistert zu haben, weitergeben. Unsere persönliche Entwicklung ist in dem Fall sehr hilfreich für unser Umfeld. Es kann hilfreich sein, sich auf die Umsetzung unserer Ziele und Wünsche zu konzentrieren, anstatt vielleicht auf die Vermeidung von Angst auslösenden Situationen. Denn das kostet viel Kraft und inneren Stress, der auch für unsere Hunde spürbar ist. Wenn wir uns wieder wohlfühlen und Herausforderungen gemeistert haben, kennt jeder das Gefühl eines Energieschubes, der uns glücklich und gelassen macht. Dieser Zustand verleiht uns wieder seelisches und körperliches Gleichgewicht. Und genau dadurch können wir dann besser mit angstauslösenden Situationen umgehen.

In verschiedenen Therapien liegt der Fokus jeweils auf einer Kombination aus Entspannung, Erlernen von neuen Stressbewältigungs-Strategien, Erlernen neuer

Beurteilungen von Angstauslösern und auf der Aufdeckung von tiefen Ursachen. Die Ursachen für Angst sind komplex und ich persönlich stelle mir bei meiner Arbeit die Frage nach oft schwer erkennbaren Ursachen, die mit tief verankerten Erlebnissen zusammenhängen können. Die Auslöser müssen wir nicht selbst bewusst erlebt haben, sie können auch in unseren Zellen gespeichert sein und aus Erfahrungen des Familiensystems stammen. Der eine kann sich zum Beispiel gegen die Angst entscheiden und findet für ihn passende Möglichkeiten, seine Angst zu besiegen. Andere vermeiden einfach die Auslöser oder sind mit einer Verbesserung zufrieden. Auch Hunde können unsere innere Anspannung fühlen, die sich auch auf andere Dinge übertragen kann:
Eine Hundehalterin, die mich um Hilfe bat, war der festen Überzeugung ihr Hund habe Angst neben dem Fahrrad zu laufen. Sie wollte den Hund gerne am Fahrrad bewegen, so hätte sie vor einigen Monaten tolle Touren mit der ganzen Familie gemacht. Doch nun waren alle traurig, dass die Mutter nun keine derartigen Ausflüge mehr unternehmen wollte. Ich nahm bei einer Übung keine Angst bei dem Hund wahr, jedoch eine Unsicherheit, die nach kurzer Zeit in ängstliches Verhalten wechselte. Die Halterin ließ sich aber von niemandem überzeugen, dass der Hund keine wirklichen Probleme hatte. Ich konnte dagegen die innere Zurückhaltung der Halterin, bezogen auf ihre eigene Bewegung, wahrnehmen.
Es ist nicht so leicht zu erklären, es war ein Gefühl von mir. Die Halterin konnte nicht verstehen, wo die Ursache liegen könnte, die Angst sei wie aus dem Nichts aufgetaucht. Sie erzählte, dass es keinen Vorfall am Rad gegeben hatte und der Hund nach Aussage eines Physiotherapeuten gesund sei. Sie selbst habe auch keine Angst, Fahrrad zu fahren, sie wollte nur dem Hund diesen Stress nicht zumuten. Ich fragte sie, ob es etwas geben würde, was sie nicht umsetzen kann und sie immer wieder zum inneren Stillstand brachte. Sie berichtete, sie

würde sich gerne beruflich verändern. Das scheiterte nur immer daran, dass sie nie anfing, das zu tun, was dafür notwendig wäre. Sie fühlte sich sozusagen unbeweglich, bezogen auf den Berufswunsch. In einem systemischen Gespräch deckte sich auf, dass sie Angst hatte zu versagen, weil ein traumatisches Erlebnis in der Schule sie unbewusst sehr belastete. In den nächsten Wochen entwickelte sie viele Ideen, die sie auch gewinnbringend beruflich umsetzen konnte. Als sie mir das berichtete, erwähnte sie in einem Nebensatz, dass der Hund die Familie wieder auf Radtouren begleitete, ohne Anzeichen von Stress oder Angst. Durch die Erkenntnis des Spiegels verstand sie, dass ihr Hund sie indirekt auf ihre verdrängten Ängste hingewiesen hat und war ihrem Hund sehr dankbar.

Solche Spiegelungen sind nicht einfach zu verstehen und auch nicht einfach zu ergründen, sie finden jedoch in vielen Varianten statt. Meist sind uns diese Prozesse nicht bewusst, deshalb sind diese Spiegelungen hilfreich, um bewusst entscheiden zu können, ob wir den Mut haben, hinzuschauen oder ob wir etwas anderes brauchen. Vielleicht eine Information, oder eine bestimmte Form der Unterstützung.

Die Art, wie wir alle die Welt wahrnehmen, steht im Zusammenhang mit unseren Erfahrungen und das hat wiederum entscheidenden Einfluss auf die Art, wie wir mit Herausforderungen oder Ängsten umgehen. Nicht nur Erfahrungen, die Hunde gemacht haben, sondern auch Erfahrungen von Hundehaltern im Zusammenhang mit ihrer eigenen Bindungserfahrung scheinen ebenfalls einen Einfluss auf Trennungsängste von Hunden zu haben. Von den Ethologen Veronika Konok und Adam Miklósi gibt es aktuelle Untersuchungen, die in einem Artikel ausführlich beschrieben werden: *„Die Wissenschaftler folgern, dass dieses vermeidende Bindungsverhalten des Halters zumindest zum Teil für die Verhaltensprobleme des Tieres verantwortlich ist. ‚Halter mit unsicher-vermeidendem Bindungsstil vermeiden intime Kontakte, Nähe und das Zeigen von Gefühlen',* *schreiben sie – und zwar nicht nur in Beziehungen mit Menschen, sondern auch mit Tieren. [...] Dieser inkonsistente Stil der Halter könnte Trennungsangst fördern.*"[25]

Der Gehirnforscher Joachim Bauer erklärt in seinem Buch *Das Gedächtnis des Körpers* den Bewertungsmaßstab in Nervenzell-Netzwerken, bezogen auf die Speicherung von Beziehungserfahrungen, so: *„Als gefährlich werden Situationen eingeschätzt, die früheren Situationen gleichen, welche z. B. vom Betroffenen selbst oder von bedeutsamen Bezugspersonen nicht zu bewältigen waren oder bei denen der Betroffene keine Hilfe von anderen erhielt; oder bei der bedeutsame Bezugspersonen deutlich gemacht haben, dass sie dem Betroffenen eine Bewältigung nicht zutrauen.*"[25]

Das sind nur zwei Beispiele, die zeigen, wie unsere eigenen Bewertungen und Emotionen von Situationen aus vielen Erfahrungen entstanden sind, die uns oft nicht bewusst sind. Auch unsere unbewussten Emotionen bestimmen unsere Handlungen. Beides ist für unsere Hunde fühlbar und sie reagieren darauf auf die eine oder andere Art. Darüber könnten wir zu Erkenntnissen über uns selbst kommen.

Aggression

Jeder wertet und empfindet aus vielerlei eigenen Gründen Aggression von Hunden anders. Für den einen ist ein Knurren schon massiv aggressiv, für andere muss es erst bluten. Auch in der Kommunikation von Menschen untereinander ist das ähnlich: Der eine fühlt sich bedroht, wenn ihm jemand einfach die Meinung sagt, ein anderer bezieht die Meinung anderer noch nicht einmal auf sich selbst. In der Verhaltensforschung ist Aggression zwar recht klar definiert, doch nicht jeder Mensch empfindet aggressives Verhalten aus jeweils sehr verständlichen Gründen gleich. Aggression kann eine große Kraft sein, die uns alle antreibt und hilfreich ist, um uns durchzusetzen, das ist nicht grundsätzlich negativ oder hat nicht zwingend mit Gewalt zu tun. Erst ab einem bestimmten Grad wird Aggression für uns und unsere Umwelt destruktiv, genau wie bei unseren Hunden. Manchmal bewirken kleine Gesten oder eine Veränderung im Umgang miteinander bereits eine umfassende Verhaltensänderung, bei Menschen wie auch bei Hunden.

Manchmal stecken tiefere emotionale Prozesse oder ein fest etabliertes Lernverhalten hinter dem aggressiven Verhalten eines Hundes. In seinem Buch *Die Neuropsychologie des Hundes,* beschreibt James O'Heare sehr umfassend die Wirkung auf Stress und Verhalten: *„Wenn sich ein Hund unter dem akuten Einfluss von Stressreizen befindet, wird das Gehirn von verschiedenen Botenstoffen überflutet. In diesem Fall wird die Reaktions- und Aggressionsschwelle herabgesetzt."*[27]

Wenn Sie diese Information mit dem Wissen aus vielen Bereichen von Mensch und Hund aus der Sicht der Spiegelgesetze betrachten, erscheint es logisch, dass sich hier die Art, mit Stress umzugehen, in der Energie und Ausstrahlung von Menschen und Hunden gegenseitig beeinflussen kann. So sind bei Menschen und Hunden die Folgen von Stress sehr vergleichbar. In welchem Verhalten sich das äußert, ist jedoch individuell verschieden. Ein Mensch kann bewusst oder unbewusst Stress empfinden, und ein Hund kann darauf auch mit Aggressionen reagieren. Auf der Suche nach der Ursache für die Aggression des Hundes, kann ein Blick auf stressauslösende Themen der Familie hilfreich sein. Sie können sich vorstellen, wie entlastend sich so manche Erkenntnis und Veränderung auf das Leben von Menschen und Hunden auswirken kann.

Gerade zu diesem Thema Aggression wird oft gesagt: *„Ist der Hund aggressiv, dann ist der Halter auch aggressiv."*

Natürlich stimmt das so nicht und so lässt sich das Thema Aggression auch nicht 1:1 auf mögliche Spiegelungen übertragen. So erlebe ich auch in meinem beruflichen Alltag andere Gesetzmäßigkeiten: Menschen, die nach außen hin nicht aggressiv sind, deren Hunde aber aggressive Verhaltensweisen zeigen. Viele Menschen zeigen an keiner Stelle in ihrem Leben aggressive Verhaltensweisen oder üben Gewalt aus, mehr noch wird von einigen sogar jegliche Form von Aggression und Gewalt völlig abgelehnt. Sie erziehen ihre Kinder sanft und angemessen, haben oft eine ausgeglichene gute Ehe und einen erfüllenden Beruf. Nur selten habe ich Halter aggressiver Hunde erlebt, die selbst zu aggressiven Verhaltensweisen neigten. Wohl aber konnten Themen aufgezeigt werden, die oft sogar zu „Verwandlungen" führten. Ausgeglichenheit heißt dabei nicht, keine aggressiven Gefühle haben zu dürfen oder nicht auch einmal angemessen aggressiv aufzutreten. Diese Verhaltensweise dient wie alle Gefühle in uns für einen Ausgleich mit anderen Gefühlen und Verhaltensweisen. Wer immer nur lächelt und zu allen nett ist, der wird irgendwann innerlich „platzen", da er offensichtlich einen völlig natürlichen und wichtigen Teil der eigenen Persönlichkeit ablehnt.

Die folgenden Beispiele sollen das verdeutlichen:

- Ein Halter nimmt die Unausgeglichenheit im eigenen Hunderudel (Mehrhundehalter) nicht wahr, vielleicht, weil er innerlich mit anderen Themen oder auch Problemen beschäftigt ist. Daher ist es möglich, dass einer der Hunde versuchen wird, dieses Ungleichgewicht mit Aggression oder anderen Verhaltensweisen auszugleichen.
- Es kommt vor, dass ein Hund bevorzugt wird und ein anderer Hund darauf mit Aggression reagiert. Viele Hundetrainer können das schnell erkennen, das heißt aber nicht zwingend, dass ein Halter das auch wahrnehmen oder annehmen kann. Dafür braucht es manchmal einen tieferen Blick, um die inneren Themen sichtbar zu machen.
- Es können traumatische Erlebnisse bei Hund und Halter als Ursache möglich sein. Der Satz „Das kann ich wohl nie lösen, niemand kann mir helfen"

führt schon zu verständlichen inneren Spannungen.
- Hunde können auch aggressives Verhalten zeigen, wenn innerhalb der Familie ein Ungleichgewicht von Nähe und Distanz empfunden wird.
- Es ist möglich, dass ein Hund auf ein passiv aggressives Verhalten eines Familienmitgliedes reagiert, der Hund lebt das sozusagen aggressiv aus. Vielleicht fühlt sich derjenige überfordert, kann dies aber nicht ausdrücken, weil er beispielsweise Angst hat, abgelehnt zu werden.

In dem Zusammenhang möchte ich etwas näher auf den Begriff der passiven Aggressivität eingehen: Menschen oder Hunde mit passiv aggressivem Verhalten sind oft sehr liebevoll und zurückhaltend, reagieren aber gegenüber Anforderungen mit Widerstand. Sie trauen sich nicht, ihre Bedürfnisse auszuleben oder auszudrücken und sind der Meinung, sie hätten ihre Gefühle im Griff. Sie vermeiden offene Konflikte und bedienen sich scheinbar passiver Mittel, meist um sich den eigenen Vorteil zu sichern. Im Zusammenhang mit passiver Aggressivität ist ein ausgeglichenes Zusammenleben schwierig, daher ist es wichtig, sich dieser Prozesse bewusst zu werden. Dann kann sich vieles verändern und man kommt aus der Opferrolle heraus, was insbesondere durch ein selbstbestimmtes Handeln möglich werden kann.

Wenn man in einer Gruppe spazieren geht und aufeinander achtet, kann man sehr schnell feststellen, dass die Gruppe als System stets aufeinander reagiert. Ein Hund, der vielleicht nicht selbst jagt, weil er seinem Jagdimpuls widersteht, aktiviert aber mit seiner angespannten inneren Haltung möglicherweise andere Hunde zum Jagen. Ein solcher Hund scannt während des ganzen Spaziergangs die Felder ab oder rennt auffällig hin und her. Wenn ein Hund in einer solchen Gruppe zum Beispiel jedem Vogel auffällig hinterherrennt oder sich sehr hochfährt, findet hier etwas statt. Jagen gehört zum Funktionskreis von Aggression, und dieser „nur" angespannte Hund ist in dem Fall passiv aggressiv. Hört man dann den Satz: „Siehst du, nur dein Hund jagt, das habe ich doch gesagt", kann sich dadurch ein ebenfalls passiv-aggressives Verhalten des entsprechenden Hundehalters zeigen, denn der jagende Hund hat mit seinem Verhalten lediglich auf die Emotionen der Gruppe reagiert.

Emotionen und Gefühle

Der Mediziner und Neurologe Antonio R. Damasio beschreibt in seinem Buch *Der Spinoza-Effekt*, wie Gefühle unser Leben bestimmen: *„Wenn wir die Biologie der Gefühle und ihrer eng verwandten Emotionen erklären, tragen wir wahrscheinlich wesentlich zur effektiven Behandlung einiger der wichtigsten Ursachen menschlichen Leidens bei – unter anderem der Depression, der Schmerzen und der Drogenabhängigkeit."*[28]
Emotionen beeinflussen aber auch kognitive Prozesse, also das Auslösen bestimmter Verhaltensweisen, beispielsweise verändern sich akustische oder visuelle Vorstellungen. Bei der Emotion geht es um Handlung und Bewertung unserer Realität. Und auch Hunde antworten auf das, was sie von uns lernen – auf der Ebene der Emotion und auf der Verhaltensebene.

Hier ein paar Beispiele:

- So manch ein Halter empfindet seinen Hund ängstlich oder dominant, weil seine eigenen oft unbewussten Emotionen bestimmte Gefühle bei ihm auslösen und er dadurch das Verhalten seines Hundes entsprechend interpretiert. Die Verhaltensweisen, die dadurch entstehen, können für den Hund unverständlich oder wenig hilfreich sein und zu vielen verschiedenen Reaktionen führen.
- Manche Menschen empfinden, wenn sie von einem Hund angesprungen werden, ein Gefühl von Angst,

obwohl der Hund keineswegs angreifen will. Meist ist das den Menschen auch bewusst. Eine mögliche Emotion könnte hier genauso Hilflosigkeit sein. Wenn aufgedeckt wird, woher diese vielleicht konditionierte Emotion kommt, kann sich auch das Gefühl zu dieser Situation verändern.

Wenn also unsere Emotionen es vermögen, unsere Gefühle und unsere Wahrnehmung zu beeinflussen, was Hunde bereits messbar wahrnehmen können, dürfte mehr und mehr bewusst werden, dass das Verhalten unserer Hunde direkt oder indirekt von uns beeinflusst wird. Wenn wir uns öffnen, die Grenzen die uns Hunde mit ihrem Verhalten setzen, mit unseren Emotionen in Verbindung zu bringen, können wir sie auch mehr und mehr wahrnehmen und achten. Denn auch sie sind soziale Wesen, die sozialkompetente Erfahrungen brauchen, um sich gesund und ausgeglichen entwickeln zu können.

Das sogenannte „Kuschelhormon" Oxytocin wird im Gegensatz zu Stresshormonen, wie Adrenalin oder Cortisol, bei angenehmen Handlungen ausgeschüttet. Oxytocin beeinflusst soziale Interaktionen und wird mit Emotionen wie Liebe, Ruhe und Vertrauen in Verbindung gebracht. Neueste Untersuchungen zeigen, dass Menschen und Hunde vermehrt Oxytocin ausschütten, wenn sie sich vertrauensvoll ansehen.

Emotionen und Gefühle stehen mit dem Stresspegel im Zusammenhang und beeinflussen auch unser Timing beim Umgang mit unseren Hunden, das heißt im richtigen Moment angemessen handeln zu können. Egal, ob damit Motivation, Lob, Grenzen oder Kommunikation gemeint ist. Oft beeinflussen innere und äußere Stressfaktoren die Intuition von Menschen, was sich wiederum auf die Handlungsfähigkeit und Wahrnehmung auswirkt. Das wäre, als wenn jemand mit angezogener Handbremse oder mit Dauervollgas sein Leben wahrnimmt. Werden die Ursachen herausgefunden, ist es gut möglich, dass sich ein im Timing unausgeglichenes Verhalten von Menschen und Hunden harmonisiert. Mögliche Gründe könnten sein:

- Der Hund ist sehr „verzögert" in seinem Verhalten, weil er gehemmt und unsicher ist. Manche Hunde und Menschen versuchen, ihre Emotionen in bestimmten Situationen mit einem zu schnellen oder übermotiviertem Verhalten zu überdecken. Das könnte sich zum Menschen hin jeweils spiegeln – meist unbewusst.
- Der Hund und/oder der Mensch ist äußerlich so „beschäftigt" mit diversen Hilfsmitteln oder Regeln der Hundeerziehung, das er nicht intuitiv handeln kann. Die Motivation dahinter könnte sein, alles immer richtig machen zu wollen/zu müssen, weil andere beurteilen könnten „wie gut das mit dem Hund klappt".
- Der Hund und/oder der Mensch ist psychisch/seelisch mit vielen inneren Prozessen beschäftigt wie Ängsten, Traumatisierungen, Sorgen oder anstehenden Veränderungen, es werden Stresshormone produziert.

In der Spiegelung von Emotionen zwischen Menschen und Hunden können sich viele Verhaltensweisen zeigen, die oft für andere leichter zu erkennen sind. Natürlich kennt es jeder, dass er selbst sein eigenes Verhalten oder die Ursache für ein Gefühl nicht immer so einfach ergründen oder erklären kann. Der eine Mensch denkt über bestimmte Dinge noch nicht einmal nach, weil er auf dieses Thema bezogen emotional nicht belastet ist und rational angemessen handeln kann. Für einen anderen kann genau diese Handlung als abstoßend empfunden werden. So fühlt sich ein Mensch in einer Situation völlig wohl, einem anderen ist genau diese Situation sehr unangenehm. Ein Beispiel aus dem Alltag soll diese verdeutlichen:

Manche Hundehalter empfinden es als unüberwindbare emotionale Einschränkung, ihren Hund an der Leine zu lassen, auch wenn es die äußeren Umstände verlangen. Ein anderer Mensch bringt seinen Hund in ständige Aufregung und Stress. Hunde können durch diesen Stress schnell in hyperaktive, aggressive oder ängstliche Verhaltensweisen rutschen. Bei so manchem Gespräch deckte sich auf, das hier eine bestimmte Empfindung die Ursache war. So manches Mal deckte sich ein unbewusstes Gefühl in seinem Leben auf, nicht genug Freiraum für sich selbst zu haben und auch nicht dafür sorgen zu können. Bekannt sind in dem Zusammenhang Sätze wie: „Wenigstens der Hund soll Spaß und seine Freiheit haben". In diesem Fall ist es nur allzu verständlich, dass der Halter dem Hund die Freiheit und Beweglichkeit geben möchte, die er selbst nicht hat. Geht das allerdings über ein gesundes Maß hinaus, können Auffälligkeiten des Hundes ihm früher oder später bewusst machen, das es seine Gefühle sind, die ausgelebt werden wollen.

So manch eine Erfahrung, die in uns abgespeichert ist, übertragen wir auch auf andere Situationen, was uns meist nicht unbedingt bewusst ist. Wenn wir beispielsweise (durch bestimmte Erfahrungen) abgespeichert haben, dass Hunger und Durst etwas ganz Schlimmes ist, werden wir auch bei unseren Hunden besonders darauf achten, dass unser Hund auf keinen Fall Hunger oder Durst leiden muss. Natürlich sind diese Verhaltensweisen zunächst erst einmal völlig normal, sinnvoll und verständlich. So horten beispielsweise auch viele ältere Leute, die den Krieg erlebt haben, Lebensmittel, da sie das Gefühl von Hunger meist sehr gut kennen.

Schwierig wird es aber bei dieser Aussage: „Der Hund hat schon eine Stunde nicht getrunken, er wird krank". Hier kann die eigene, oft unbewusste Erfahrung nicht mehr von äußeren Umständen getrennt werden. Es ist psychologisch gesehen erklärbar, dass Menschen hier mit Unverständnis oder auch sogar aggressiv reagieren, wenn sie darauf angesprochen werden. Unsere Psyche braucht solche Handlungen, um innere Ungleichgewichte auszugleichen. Wir brauchen die Antworten unserer Umwelt, um annehmen zu können, dass unser Handeln oder unsere Einstellung zu bestimmten Themen unangemessen oder sogar für uns selbst oder andere schädlich ist.

Treten emotionale Konflikte zwischen uns und unseren Hunden auf, spiegeln diese sich in vielen Bereichen wieder. Mögliche Fragen wären, ob man im Leben vielleicht zu viel oder zu wenig emotional mit seinem Umfeld umgeht oder es mit einem umgeht. Knickt man vielleicht sofort ein, wenn jemand etwas sagt, weil man alles auf sich persönlich bezieht und sich angegriffen fühlt, man vielleicht sogar Angst hat, Fehler zu machen?

Manche Menschen gehen sozusagen in ihren „Raum", was hilfreich sein kann, aber auch Kommunikation und Entwicklung verhindert. Dem einen Menschen muss man schon sehr deutlich sagen, was man will oder nicht will, um von ihnen wahrgenommen zu werden, ein anderer wiederum ist hochsensibel. Auch Tiere speichern Erfahrungen im limbischen, also emotionalen System ihres Gehirns ab, und reagieren mit einem bestimmten Verhalten. Möglicherweise sind auch Traumatisierungen von Hunden und/oder Menschen Ursachen für diese Verhaltensweisen. In der menschlichen Psychologie werden innere Abwehrmechanismen, also Prozesse, bei denen es um die Bewältigung von Konflikten geht, mit den Begriffen Verdrängung, Verleugnung oder Vermeidung beschrieben. Hier ein Beispiel für eine emotionale Reaktion eines Hundehalters:

Ein Hundehalter erzählte mir, dass sein Nachbar ihn anklagte, da er seinen Hund im Auto in einer Hundebox transportierte. Er würde seinen Hund nicht lieben, weil er ihn damit viel zu sehr in seiner Freiheit einschränke. Er selbst würde seine Hunde aber wirklich lieben, deshalb dürfen sie auch im Auto frei herumlaufen. Was dieser Nachbar nicht wahrnehmen kann, ist, dass seine Hunde während der ganzen Fahrt bellen und massiven Stress haben. Dieser Halter interpretiert scheinbare Freiheit mit Liebe, die seine Hunde, andere Verkehrsteilnehmer und auch den Halter selbst in große Gefahr bringt. Ganz nebenbei ist es verboten, Hunde nicht im Auto zu sichern, die Versicherungen übernehmen bei Unfällen nicht die volle Schadenhöhe. Ein Hundehalter, der seinen Hund im Auto sichert, übernimmt Verantwortung dafür, dass sich sein Hund zum Beispiel in der Box wohlfühlt. An wem orientieren sich wohl Hunde, wenn Ausgleich und Sicherheit ein elementares Naturgesetz ist?

Ein für alle gewinnbringendes Zusammenleben von Mensch und Hund kann meiner Meinung nach dann ausgeglichen sein, wenn eine angemessene emotionale Abgrenzung von beiden Seiten akzeptiert und ausgehalten werden kann. Ohne dass man sich verlassen, vernachlässigt, angegriffen oder unverstanden fühlt oder diese Gefühle kommunizieren kann. Nicht immer ist die Reaktion oder Handlung von anderen auf uns persönlich bezogen, wir interpretieren nur manche Aussagen aus unseren eigenen Gründen heraus emotional. Mit anderen Worten: Wir gehen mit manchen Aussagen und Handlungen in Resonanz. Die meisten werden diese Sätze kennen, die wir oftmals denken, manchmal sogar aussprechen, wenn auch nur im Ansatz:

- „Ich habe dich aus schwierigem Umfeld gerettet und du dankst es mir, indem du mir körperlichen und/oder seelischen Schaden zufügst."
- „Ich liebe dich so sehr und du blamierst mich ständig. Deinetwegen fühle ich mich unfähig."

Die folgenden Beispiele für Wahrnehmungen von Hundehaltern sind allerdings eine andere Ebene auch für Hundetrainer.
Mögliche Aussagen von Haltern:

- (Der Hund hat andere Hunde/Menschen gebissen): „Ein Maulkorb oder eine Einschränkung der Frei-

heit kann ich nicht umsetzen, was sollen die Nachbarn von mir denken. „Aber er/sie ist nett zu anderen Hunden und ganz besonders zu den Katzen".
- (Der Hund jagt und ist stundenlang unterwegs): „An die Leine nehmen ist doch unfair, er muss doch laufen und schnüffeln".

Hier geht es um die Gefährdung von Menschen und Hunden oder anderen Tieren. Eine echt harte Nummer, weil auch ein Hundetrainer nur helfen kann, wenn auch der Hundehalter für Veränderungen bereit ist. Ein Hundetrainer trägt in der Regel die Verantwortung für eine ganze Gruppe und muss diese angemessen führen. Wenn die Sichtweise und das Verhalten von Menschen, die Unversehrtheit anderer gefährdet, ist demnach Handeln angesagt. Auch hier kann gerade die ein oder andere veränderte Sichtweise über eine klare deutliche Antwort im Außen bewirkt werden. Es wäre nicht verantwortungsbewusst, diese Antwort erst zu erhalten, wenn bereits andere Menschen oder Hunde/Tiere zu Schaden gekommen sind. Menschen, die so fühlen und denken, haben natürlich völlig verständliche Gründe für ihre Emotionen, die meist unbewusst sind. Ein ehrliches Gespräch vermag hier sehr viel zu erreichen. Grenzen setzen schließt Empathie nicht aus, denn Empathie beinhaltet das Wahrnehmen bewusster und unbewusster, kognitiver und emotionaler Prozesse des Gegenübers. So ist es dadurch möglich, eine Bereitschaft zu wecken, sich mit bestimmten Themen auseinanderzusetzen. Wenn sich dann die oft verständlichen Gründe für diese oben genannten Sichtweisen aufdecken, kann sich für diejenigen Menschen, ihre Hunde und das Umfeld vieles verändern. Es kann den Weg ebnen, wieder Freiheit, gute soziale Kontakte und Ausgeglichenheit zu erhalten.

Praxis-Hilfe: Mensch-Hund-Spiegelungen erkennen

In diesem Teil des Buches habe ich einige Themen, die Menschen und ihre Hunde belasten können, mit ihren möglichen Ursachen beschrieben. Natürlich ist es abwegig zu glauben, das Thema Spiegelung wäre damit abgehandelt. Die Art, wie wir auf die Wechselwirkungen verschiedenster Systeme reagieren, ist sehr komplex, gäbe es einen Knopf zum Abschalten, würden wichtige Lernprozesse nicht stattfinden können.
Vielleicht haben Sie bei dem, was sie bisher in diesem Buch gelesen haben, die eine oder andere Idee für sich selbst mitnehmen können. Vielleicht fragen Sie sich aber auch, wie Sie nun mögliche Spiegelungen erkennen können.
Wünschen wir uns Veränderungen, insbesondere auch in der Mensch-Hund-Beziehung, braucht es zunächst die Bereitschaft, überhaupt etwas verändern zu wollen, ansonsten wird wohl kaum eine Bewegung in Richtung Ausgleich und Glück eintreten können. Manchmal kommt man selbst auf bestimmte Themen und Hintergründe, manchmal ist aber auch ein Blick von außen nötig, weil es nicht immer leicht ist, selbst Zusammenhänge zu erkennen.

Um mögliche Spiegelungen aufzudecken, kann es hilfreich sein, sich folgende Fragen zu stellen:

- Was mag ich an mir?
- Was schätzen andere Menschen an mir?
- Wenn ich Schwierigkeiten habe, auf welchen Ressourcen meiner Persönlichkeit kann ich zurückgreifen?
- Ich bin immer so ...

In der kognitiven Verhaltenspsychologie ist unter anderen die Frage nach der Kosten-Nutzen-Analyse im Zusammenhang mit Eigenverantwortung bekannt. Eine solche Analyse stellt Aspekte unseres Lebens dar, die als energieraubend (negative Erlebnisse und belastende Verhaltensweisen) und als energiegebend (positive erfüllende Erlebnisse und Verhaltensweisen) bezeichnet werden. Die Analyse stellt auch die Frage nach der persönlichen Motivation, etwas zu verändern um diese Anteile auszugleichen.

Hier ein Beispiel aus meiner Hundeschule:
Eine Hundebesitzerin litt sehr darunter, dass ihr Hund oft so gehemmt, sensibel und unsicher war. Sie wusste aus dem Training, dass sie selbst in vielen Situationen viel mehr Ruhe und Klarheit für ihren Hund ausstahlen müsste, um ihren Hund die Sicherheit zu geben, die er benötigte. Sie konnte dies aber nicht umsetzen. Die Hundehalterin hat auf die o. g. Fragen so geantwortet:

- Ich mag meine hohe Motivation und Energie alles in die Hand zu nehmen.
- Andere mögen an mir, dass ich immer für alle da bin und immer Lösungen habe.
- Meine Ressourcen sind: gute Ideen.
- Ich bin immer energiegeladen.

Diese Aussagen waren eine wertvolle Information, die letzlich eine Spiegelung aufdeckte. Ich fragte sie, was sie selbst von ihrer hohen Energie habe, welche Vorteile ihr Umfeld von ihrer hohen Motivation und Energie hätte und wie man auf sie reagieren würde, wenn sie sich so überlastete, dass sie für andere auch einmal nicht mehr voller Motivation ist. Und, welche tiefen inneren Überzeugung oder welche Glaubenssätze sie besäße, dass sie meint, stets „Vollgas" geben zu wollen (oder zu müssen).

Sie nahm das gehemmte Verhalten Ihres Hundes sehr bewusst wahr, es „tickte" sie an, weil sie selbst für alle Familienmitglieder und Freunde immer Lösungen fand und immer mutig und aktiv war. Mit Hilfe dieser Analyse

konnte sie nun bewusst wahrnehmen, dass Ihre Familie sich häufiger beschwerte, wenn sie einmal überlastet war und nicht zur Verfügung stand. Ihrem Hund gegenüber fühlte sich eher hilflos. Ihr wurde im Gespräch klar, dass sie viele Schwierigkeiten mit sich selbst ausmachte, weil sie von ihrem Partner in einer für sie sehr belastenden Situation alleine gelassen worden ist. Da sie aber nie wirklich mit ihm über ihre Gefühle sprechen wollte, löste dieser Konflikt bei ihrem Partner selbst Unsicherheit aus. An ihrem Partner störte sie genau diese Unsicherheit, so wie sie es für ihren Hund empfand. Der Hund spürte die Art und Weise, wie die Halterin mit Konflikten umging und die Reaktion der Familie darauf.
Mit dieser Erkenntnis fanden viele gute Gespräche zwischen ihr und ihrem Partner statt. In den darauffolgenden Wochen fühlte Sie sich weniger alleine und konnte Vertrauen fassen, nicht immer alles alleine lösen zu müssen. Das gab ihr viel Selbstvertrauen und Sicherheit und half ihr auch, mit ihrem Hund souveräner und ruhiger umzugehen. Ganz nebenbei setzte sich ihr Partner aktiv dafür ein, dass ihre Kinder sie nicht mehr für alle möglichen Handlungen in Anspruch nahmen. Auch für die Kinder entspannte sich das Zusammenleben, wurden sie doch dadurch viel selbstbewusster und eigenverantwortlicher. Der Hund orientierte sich für alle sichtbar mehr an der Halterin.

Manchmal kommt durch solche Erkenntnisse ein Stein ins Rollen, der im Familiensystem vieles verändern kann. Es ist uns allen nicht immer möglich, zu jedem Zeitpunkt über die Sichtweise von Spiegelungen Antworten über uns selbst zu erhalten. Das würde bedeuten, dass wir immer grundsätzlich Spiegelungen erkennen und annehmen könnten. Die Gründe, warum Spiegelungen überhaupt auftreten, sind meist unbewusst.
Im ersten Schritt ist eine Entscheidung nötig, bestimmte Spiegelungen überhaupt bewusst wahrnehmen zu wollen. Wie wir unser Leben wahrnehmen, ist von verschie-

denen Aspekten abhängig, so beispielsweise: Wie bewusst leben wir? Können wir uns selbst annehmen? Wieviel Fremd- und Eigenverantwortung übernehmen wir? Wie selbstsicher können wir uns behaupten? Wie zielgerichtet und authentisch leben wir?

Ein Ungleichgewicht ist in allen Punkten möglich und sucht sich in anderen Aspekten Ausgleich. Übernehmen wir also zum Beispiel für andere zu viel Verantwortung, können wir für uns selbst nicht mehr ausreichend Verantwortung übernehmen. Die Folgen werden dann auf verschiedene Weise sichtbar, und auch unsere Hunde können uns möglicherweise mit bestimmten Verhaltensweisen diese Ungleichgewichte aufzeigen.
Es kann daher sehr hilfreich sein, sich aufzuschreiben, was im eigenen Leben, im Umfeld oder am Verhalten des Hundes unangenehme Gefühle verursacht. Innere Offenheit kann hier einen Prozess in Gang setzen, unbewusste „Programme" zu erkennen, die unser rationeller Verstand oft ablehnen würde.

3 Systemische und energetische Betrachtungsweisen in der Mensch-Hund-Beziehung

„In Wahrheit wissen wir nur, dass es eine reale, objektive Welt geben muss, die evolutionäre Betrachtung zwingt jedoch zu der Einsicht, dass unser Gehirn mit Sicherheit noch nicht jenes Niveau erreicht hat, auf dem sein Fassungsvermögen ausreicht für die Summe aller Eigenschaften dieser Welt."
Hoimar von Ditfurth

Sie haben im ersten Teil des Buches – bezogen auf den Hund – einiges über mögliche Hintergründe ihres Verhaltens lesen können. Der zweite Teil bezog sich auf das Verhalten und mögliche sich spiegelnde Themen zwischen Menschen und ihren Hunden. In diesem Kapitel soll es nun darum gehen, wie ein ganzheitliches Hundetraining aussehen kann und welche praktischen Möglichkeiten es für Hundehalter gibt, Ungleichgewichte und vielleicht bestehende Schwierigkeiten auszugleichen bzw. anzugehen. Systemische Beratung sowie Tier- und Familienausstellungen sind eine Art Analyseverfahren, um Ursachen und Wechselwirkungen aller Faktoren zu erfassen. Auch die Matrix-Anwendungen können dabei für Menschen und Hunde eine wunderbare Hilfe und Unterstützung sein.
Natürlich gibt es eine Bandbreite von weiteren Möglichkeiten, die auch in der Medizin, Psychologie oder Naturheilkunde sehr hilfreich und notwendig sein können. Viele andere Formen der Anwendungen werden oft mit den in diesem Buch beschriebenen Anwendungen kombiniert. Ich hoffe, dass es Ihnen mit Hilfe dieses Buches möglich ist, vieles aus einem anderen Blickwinkel wahrzunehmen, um einen Prozess der Veränderung in Gang zu setzen.

Aspekte eines systemisch-ganzheitlichen Denkens

Viele Wissenschaftler und Experten denken und arbeiten zunehmend systemisch, weil es heute auf allen Gebieten dringend nötig ist. Viele Probleme unserer Zeit sind globale systemische Probleme, die nur durch einen systemischen und ganzheitlichen Ansatz gelöst werden können. Vernetzung findet in den letzten Jahrzehnten in allen wissenschaftlichen Bereichen statt. Auch mit diesem Buch ist es meine Absicht, zu vielen Themen Verbindungen herzustellen.

Um sich vorstellen zu können, was mit systemischem Denken gemeint ist, könnte dieser Auszug aus dem *Lehrbuch der systemischen Therapie und Beratung* hilfreich sein. Dieses Buch bietet Grundlagenwissen für Menschen vieler Berufszweige: *„Als System bezeichnen wir eine beliebige Gruppe von Elementen, die durch Beziehung zueinander verbunden sind und durch eine Grenze von ihren Umwelten abgrenzbar sind. Solche Systeme finden wir quasi überall – von Fröschen im Tümpel über Axonen und Dendriten in einem Nervensystem und den Kommunikationen von Eltern und Kindern in einer Familie bis hin zu den Verschaltungen in einem Computer."*[29]

In der Psychologie sind seit den 1950er-Jahren systemische Beratungsansätze nicht mehr wegzudenken. Davor war Psychotherapie nur eine Angelegenheit zwischen Therapeut/in und Klient/in. Die wohl bekannteste Pionierin dieser damals neuen systemischen Ansätze ist wohl Virginia Satir in den USA gewesen. Dieser Paradigmenwechsel in der Psychologie, also die grundlegende Veränderung einer Weltansicht, fand an mehreren Orten weltweit gleichzeitig statt. Noch heute orientieren sich viele Therapeuten an Virginia Satirs wegweisenden Aussagen zur Familientherapie. Inhalt ihrer Arbeit war, Klienten für die Unterstützung ihrer Probleme nicht isoliert zu sehen, sondern das Verhalten aller Familienmitglieder in die Betrachtung mit einzubeziehen, inklusive ihrer Bedürfnisse, Wünsche und Ängste. Bei ihrer Arbeit entwickelten Klienten ein systemisches Verständnis über sich und die Menschen, die mit ihnen in Beziehung stehen.

Virginia Satir entwickelte die Skulpturarbeit, in der sie Skulpturen (als Stellvertreter) oder Familienmitglieder aufstellte. Dieses äußere Bild macht sichtbar, wie einzelne Personen zu einander stehen. Oft zeigt erst ein solches Bild, die verborgenen Strukturen und Bindungen. Das waren die ersten noch heute geltenden Ansätze der systemischen Familienaufstellung.

Der ungarische Arzt, Psychotherapeut und Hochschullehrer Iván Böszörményi-Nagy war 1957 Gründungsmitglied eines der ersten Forschungszentren für Familientherapie in Philadelphia. Er ging weiterführend von der Mehrgenerationen-Perspektive aus, die beinhaltet, dass unsichtbare Belastungen und Bindungen in Familien über Generationen hinweg weitergegeben werden.

Der Begriff Vernetzung, der in der systemischen Beratung seinen Ursprung hat, heißt auch ein offenes Ohr haben, was der andere wirklich gemeint oder aus welchen Gründen empfunden haben könnte. Nicht immer ist es gewünscht oder möglich, dies in einer Unterhaltung zu klären. Zum Beispiel deshalb nicht, weil uns nicht immer alle Informationen bewusst zur Verfügung stehen. Manches an unserem Verhalten hat unbewusste Gründe, die wiederum vieles andere beeinflussen.

Rüdiger Dahlke, Arzt für ganzheitliche Psychosomatik, Psychotherapeut und erfolgreicher Buchautor, beschreibt in seinem Buch *Krankheit als Symbol*, wie wichtig die Zusammenarbeit und Vernetzung von Spezialisten in der Medizin ist. Er sagt, dass Spezialisten für Traumforschung beispielsweise wissen, dass sich fehlende REM-Phasen (REM-Phasen finden im Schlaf statt) von Müttern in Halluzinationen auswirken kann. Das heißt, es zeigen sich Anzeichen von Psychosen, wenn ein Säugling beim heutigen Bedarfsstillen in ungünstigem Rhythmus erwacht. Er verwendet in seinem Buch klare Worte: *„Allein dieses Wort müsste Psychiater auf die richtige Spur bringen, wenn sie schon von ihren Schlafforscher-Kollegen nichts erfahren oder wissen wollen. Wieder mit einander reden ist nicht nur mein Rat für Ehepartner, sondern auch für Fachärzte.“*[30]

Ich finde, es ist ein gutes Beispiel für systemisches Denken. In der heutigen Zeit ist die systemische Vernetzung in allen Bereichen der Forschung und Wissenschaft mit der riesigen Bandbreite der virtuellen Kommunikation technisch einfach zu realisieren. Dadurch wird ein Blick von außen für alle Beteiligten ermöglicht, die Regeln, Zielrichtungen und Bedürfnisse von Themen erkennbar machen.

Was im Bereich der Familienberatung mit Virginia Satir bekannt wurde, zieht sich inzwischen durch alle Bereiche. Es gibt nicht nur viele Bücher der systemischen Beratung in der Psychologie, sondern auch zu systemischem Arbeiten in der Jugendhilfe und in Schulen, Kindergärten und Heimen, systemisches Coaching für Führungskräfte und Unternehmen, systemische Personalführung und in der Evolutionslehre. In der heutigen Zeit beziehen auch immer mehr Menschen beim Umgang mit ihren Hunden die Gesamtheit von Verhalten und Emotionen von Mensch und Hund mit ein.

Wenn Ihr Hund Verhaltensweisen zeigt, die in ihrem Familiensystem oder systemischen Umfeld den Wunsch nach Veränderung entstehen lässt, dann ist eine Betrachtung notwendig, die sich mehr als nur auf den Hund selbst bezieht. Es geht nicht um die Frage von Schuld, sondern das Erkennen von Wechselwirkungen, die von vielen Seiten betrachtet, eine Ursache sein können. Systemische Beratung wie auch systemische Tier- und Familienaufstellungen können auf feinstofflicher Ebene helfen. Sie machen innere Prozesse erkennbar und bieten Lösungen an. Lösungen für das gesamte System, also auch für Sie selbst und Ihre Familie.

Aus Zeiten, in denen ich viel mit Pferden unterwegs war, ist mir eine Szene ganz besonders in Erinnerung geblieben: Es gab ein Pferd im Stall, vor dem die meisten Menschen Angst hatten, weil das Pferd jeden trat, der vorbei kam. Die Besitzerin von diesem Pferd war der Ansicht, dass ihr Pferd aus Angst vor dem Besen dieses Verhalten zeigte. Wo dieses Pferd stand, wurde nie gekehrt, weil niemand sich traute, in der Nähe des Pferdes sauber zu machen. Es wurde also eine Pferdepsychologin um Hilfe gebeten, die wochenlang mit Unterstützung der Pferdebesitzer am Pferd arbeitete. Langsame Annäherung mit dem Besen, verbale Belohnung. Und immer wieder langsame Schritte näher ran. Ich fand das, ehrlich gesagt, schon vor 25 Jahren sehr komisch, aber ich hielt mich im Hintergrund, um beobachten zu können. Der Stallbesitzer grinste bei diesen Übungen nur, und ich fragte ihn irgendwann einmal, warum er das so lustig fand. Er zeigte mir, als wir allein im Stall waren, wie er mit dem Pferd umging. So holte er das Pferd aus der Box und begann, unter dem Pferd ohne Probleme den Boden zu kehren. Das Pferd schaute entspannt zum Besen und blieb stehen. Er erklärte mir, dass das Pferd keine Angst vor dem Besen habe und dass das Verhalten des Pferdes nur mit der Einstellung und Handlung der Besitzerin im Zusammenhang stehe. Er selbst will sich frei bewegen können in seinem Stall, also muss auch dieses Pferd ihm Raum geben. Er erklärte, er habe dem Pferd einmal einen ernst gemeinten „Knuffer" gegeben und danach nie wieder ein Problem gehabt. Fertig. Ich stellte das nicht in Frage, denn er war dafür bekannt, mit viel Wissen, Klarheit und Empathie mit Pferden und auch Hunden umgehen zu können.

Heute weiß ich, dass dieses Pferd einfach nur gelernt hat, die Wahrnehmung der Pferdebesitzer, also „das Pferd hat Angst" zu lesen. Mir ist aber auch bewusst, welchen inneren Stress das Pferd hatte und es deshalb seine Probleme auf den Besen übertragen hat. Das Pferd im Nebenstall war sehr unruhig und es war bekannt, dass die beiden Pferde nicht gut miteinander klar kamen. Es wurde oft darüber gesprochen, aber damals konnte niemand diese Zusammenhänge erkennen. Aus irgendeinem Grund wurden die Pferde später im Stall voneinander getrennt. Ich kann mich gut erinnern, dass sich beide Pferde ab diesem Zeitpunkt auf der Wiese besser verstanden haben. Kurz danach trennte sich auch die Pferdebesitzerin von ihrem Partner und beide konnten auf der Ebene der Freundschaft wieder gut miteinander umgehen.

Heute würde ich die Zusammenhänge in Form von systemischem ganzheitlichem Denken erkennen können. Natürlich sind solche für den ein oder anderen vermeintlich seltsamen Zusammenhänge nicht einfach zu verstehen. Hier können Tieraufstellungen gut helfen, die Ursachen heraus zu finden. Dass kann dem gesamten Umfeld helfen, und nicht nur dem Pferd allein. Im Sinne der Führung wäre dies eine aktive Handlung und nicht nur Symptombehandlung auf die angebliche Angst gegenüber dem Besen. Die Probleme mit dem Pferd in der benachbarten Box hätte ja erst einmal niemand damit in Zusammenhang gebracht. An irgendeiner Stelle muss auch die Psyche des Pferdes seinen Stress abbauen. Stress kann sich bei Menschen wie bei Tieren auch in Form von somatischen Erkrankungen zeigen.

In vielen anderen Bereichen von Psychologie und Medizin ist bekannt, dass die Behandlung eines Symptomes oft nur zur Verlagerung von Systematiken führt. Diese systemischen Reaktionen der Natur bieten für uns somit Chancen, uns mit den wirklichen Gründen und Ursachen auseinanderzusetzen.

Tier- und Familienaufstellungen

Neben anderen sehr erfolgreichen Anwendungsmöglichkeiten in Medizin und Psychologie verbinden Aufstellungen und ebenso auch Matrix-Anwendungen emotionales Erleben mit der Körperebene. Das macht in unserem Gehirn oft erst eine Veränderung möglich. Warum das so ist, und wie das im Gehirn messbar ist, zeigt David Servan-Schreiber in seinem Buch *Die neue Medizin der Emotionen*: *„Hauptaufgabe des Psychotherapeuten ist es, das emotionale Gehirn auf eine Weise „umzuprogrammieren" das es sich an die Gegenwart anpasst, anstatt auf Situationen der Vergangenheit zu reagieren. Zu diesem Zweck ist es oft wirksamer, Methoden anzuwenden, die über den Körper gehen und das emotionale Gehirn unmittelbar beeinflussen, als sich auf die*

Sprache und die Vernunft zu verlassen, für die es kaum empfänglich ist."[31]
Einigen von Ihnen werden Aufstellungen nach Hellinger bekannt sein. Diese Art der Aufstellungsarbeit hat allerdings nicht viel mit systemischem Denken zu tun. Jedoch wird von den Grundregeln, die Bert Hellinger einst in seiner wertvollen jahrzehntelangen Arbeit „entdeckt" hat, heute noch vieles anerkannt.
Derzeit gibt es eine große Bandbreite von systemischen Varianten und Kombinationen von Tier- und Familienaufstellungen, aber es ist auch deutlich erkennbar, dass sich immer mehr Anwender von Hellingers Aufstellungspraxis distanzieren. Nicht für jeden Menschen sind zu jedem Zeitpunkt systemische Aufstellungen als aufdeckende Anwendung sinnvoll. Ein intensives Vorgespräch und das Angebot einer guten Nachbetreuung gehören auf jeden Fall zu dieser Form der Anwendung. Sie können allerdings oft sehr hilfreich und entlastend für das ganze Familiensystem sein.
In der Zeitschrift *Psychologie Heute* findet Fritz B. Simon, Professor für Psychologie an der Universität Heidelberg, klare Worte, denen ich mich nur anschließen kann: „*Bert Hellinger ist fälschlicher Weise bei vielen Menschen bekannt als systemischer Familientherapeut, der das Familienstellen erfunden hat. Bert Hellinger ist aber kein systemischer Psychotherapeut, er war katholischer Priester. [Seine] Methoden haben mit der systemischen Therapie nichts gemeinsam. Wer beide in einem Atemzug nennt, betreibt Etikettenschwindel.*"[32]
Bert Hellinger hat 45 Bücher veröffentlicht, die in 22 Sprachen übersetzt worden sind. Auch seine Form des Familienstellens findet heute in oft abgewandelter oder weiterentwickelter Form im Bereich der Psychotherapie, in systemischen Beratungen von Firmen (Organisationsaufstellung), in der Erziehungsberatung oder in psychosomatischen Kliniken statt, oder wird von vielen Heilpraktikern sowie psychologischen Beratern angeboten und mit anderen Beratungsformen kombiniert.

Aufstellen heißt, dass Symbole oder menschliche Stellvertreter das System einer Familie darstellen. Jedes System ist in Bewegung, auch unser Gehirn ist ein vernetztes System und immer in Bewegung. Inzwischen sind systemische Aufstellungen weltweit anerkannt als eine Art Analyseverfahren, das die Gründe und Ursachen für Dynamiken sichtbar macht. Jede Bewegung beeinflusst alle anderen im System wie ein Mobile. Ursachen, Gründe und Zusammenhänge reagieren systemisch miteinander, die Dynamiken hinter dem, was wir erleben, werden dadurch sichtbar und erlebbar.

Auch unser Körper bildet ein System von bewussten oder unbewussten Prozessen, die alle miteinander reagieren. Unsere Umwelt und Lernerfahrung reagiert gegenseitig wie auch unsere Gene und Gefühle. Auch wir und unsere Tiere beeinflussen uns wechselseitig, darauf begründen Spiegelgesetze oder auch Resonanz. Es ist vergleichbar mit einem Mobilé: Bewegt man einen Teil nach unten, bewegen sich bestimmte Teile nach oben. Wieder andere bewegen sich mit nach unten, weil sie anders befestigt sind oder miteinander „verstrickt" sind. Es gibt viele Möglichkeiten, die mit dem gesamten Aufbau und der Zusammensetzung des Mobiles zusammenhängen. Systeme reagieren vergleichsweise wie ein Mobile, so auch unser Familiensystem, das ebenso unsere Hunde einschließt. Viele Wissenschaften beschäftigen sich inzwischen mit diesen Phänomenen. Die Quantenphysik und die Gehirnforschung finden hier beispielsweise immer mehr Ansätze und Erklärungen. In Aufstellungen greifen die Stellvertreter sozusagen auf das „wissende morphogenetische" Feld zu, auf das ich an anderer Stelle noch zurückkommen werde.

Für mich haben Aufstellungen nichts mit Esoterik zu tun, wie vielleicht der ein oder andere den Begriff Esoterik versteht. Das Wort stammt aus dem altgriechischen esoterikos, was so viel wie „innerlich" oder „nach innen gerichtet" bedeutet. Aufstellungen ermöglichen also einen Blick von außen auf innere Prozesse, auf ein System oder eine spezielle Situation oder Emotion. Es ist zurzeit noch nicht exakt wissenschaftlich bewiesen, wie genau Aufstellungen funktionieren, das heißt aber nicht, dass Aufstellungen mit Esoterik in Verbindung stehen müssen. Zumindest nicht nach meiner Wahrnehmung und nicht in der Form der Aufstellungen, die mir bekannt sind, und die ich selbst anwende. Die Wirksamkeit ist inzwischen in vielen Studien belegt, und über die jeweiligen Fachverbände veröffentlicht worden. Zur Verdeutlichung hier ein Interview aus der Zeitschrift *Manager Seminare* von 2005: *„Was in Aufstellungen passiert, ist rätselhaft: Da stehen Menschen im Raum, repräsentieren fremde Personen und äußern Wahrnehmungen, die von ihrer Position in der Aufstellung abhängig sein sollen. Esoterik? Offenbar nicht. Peter Schlötter, Dipl. Ing. leitete lange Jahre eine technische Abteilung eines mittelständischen Konzerns, ist Lehrbeauftragter der Universität Karlsruhe und Doktorand der Uni Witten/Herdecke. Ihm ist der Nachweis gelungen, dass die Konstellation auf den Menschen wirkt. Schlötter: ‚Wir wachsen mit zwei Muttersprachen auf: Deutsch und Systemisch.'"*[33]

Wir alle fragen uns hin und wieder, warum unser Hund oder jemand anderes aus der Familie sich auf eine bestimmte Art verhält. Wir fragen uns warum, wir krank werden oder warum wir auf bestimmte Arten denken, handeln oder fühlen. Wir fragen uns, warum uns immer wiederkehrende Probleme belasten. Ein einfaches Beispiel, was die meisten von uns kennen, ist, an bestimmten Tagen regelmäßig über etwas zu stolpern, oder etwas fallen zu lassen. Dann fragen wir uns: „Was ist nur los, seit Tagen passieren mir andauernd diese Dinge". Manchmal sind wir einfach müde und erschöpft, nehmen diesen Hinweis an und ruhen uns aus. Es ist auch möglich, dass wir unbewusst auf Stress reagieren, den wir zum Beispiel im Beruf oder in der Familie haben. Leider belassen wir es häufig bei der Frage nach dem „Warum" und reagieren erst, wenn deutlichere Hinweise uns dazu zwingen, Antworten zu finden.

Die Frage nach dem „Warum" gibt uns in aller Regel keine Antworten, es sei denn, wir würden die Frage nach der Ursache stellen. Im Prinzip und sehr vereinfacht ausgedrückt, ist das in Form von Aufstellungen möglich. Vieles ist uns allerdings nicht bewusst, das Unterbewusstsein arbeitet auf Hochtouren und beeinflusst unser gesamtes System im Körper und andere Systeme außerhalb unseres Körpers. Es gehört Mut dazu, eine zielführende offene Frage zu stellen, denn wir wissen ja nicht, welche Antworten wir erhalten.

Unsere Glaubenssätze und unser erlerntes Verhalten stellen wir oft nicht in Frage, wir haben gelernt, uns auf das Problem zu fokussieren, mit dieser Sichtweise sind die meisten von uns aufgewachsen. Eine andere, uns oft vorgelebte Strategie ist, den Auslösern und Problemen aus dem Weg zu gehen. Allerdings kostet uns das viel innere Kraft, was zu Krankheiten führen kann, auch wenn uns diese Handlungsmuster nicht immer bewusst sind.

Wir alle tragen kindliche und genetisch gespeicherte Erfahrungen und Erlebnisse in uns, die wir aufgrund unserer damals kindlichen Wahrnehmung nicht differenziert abspeichern konnten. Diese Emotionen sorgen oft im Unterbewusstsein für Unausgeglichenheit und wir wiederholen diese Erlebnisse in unserem Alltag, um Ausgleich möglich zu machen.

Eine Klientin meiner psychologischen Beratung hatte ihr Leben lang das Gefühl, an allem schuld zu sein. Sie geriet schon lange auffällig in Umstände und Situationen, in denen sie angeklagt wurde, schuld zu sein und sie litt sehr darunter. Eine Aufstellung konnte Folgendes aufdecken: Sie war als Kind Zeuge eines Verkehrsunfalls. Sie hörte nach dem Unfall in einem Gespräch der Eltern die Frage, ob die Tochter der Auslöser für diesen Unfall sein könnte. Sie selbst stand als Kind aber zu dem Zeitpunkt unter Schock und hat diese Frage der Eltern für sich als „Ich bin an allem schuld" abgespeichert. Nach der Aufstellung traten die Themen, die sie auf dieses Gefühl aufmerksam machten nicht mehr in ihrem Leben auf. Mit dem Wissen um diese Zusammenhänge kann sie sich heute in vielen Alltagssituationen anders verhalten und auch fühlen.

Aufstellungen machen einen Blick von außen möglich auf die Zusammenhänge von Ursachen und Wirkungen. Jeder kann in Aufstellungen eine andere Position einnehmen und auf diese Weise erkennen, warum ihm in seinem Leben manche Dinge schwerfallen. Allein das entspannt meiner Erfahrung nach innerlich viele Menschen. Aufstellungen haben auch den Lerneffekt, durch einen anderen Blickwinkel eine andere innere Haltung anzunehmen. Damit ist es oft möglich, einen anderen Blick auf sich und sein Leben zu bekommen.

Falls Sie noch nie mit dieser Anwendungsmöglichkeit in Berührung gekommen sind, können Sie sich vielleicht, noch nicht ganz vorstellen wie Aufstellungen umgesetzt werden. Deshalb habe ich für Sie eine Aufstellung mit Erlaubnis der Kundin mit Figuren nachgestellt. In der Aufstellung selbst wurden die jeweiligen Positionen von verschiedenen Menschen vertreten, die Emotion, körperliche Reaktionen und die Kommunikation dazu ausdrücken konnten. Wenn Sie also lesen: „hat gesagt, gab an, oder hat gefühlt" dann ist der menschliche Stellvertreter damit gemeint. Die Dynamiken von Aufstellungen sind nicht immer einfach zu erklären, aber wer diese Erfahrung macht, weiß, was hier erlebbar und fühlbar ist.

Ein Hund unserer Hundeschule reagierte sehr auffällig in Trainingssituationen, wenn ihn viele Anwesende zuschauten. Er zog sich zurück, war schüchtern und konnte nicht frei agieren. Die Distanz zwischen Hund und Halter war spürbar, worunter der Halter im Alltag sehr litt. Er war oft traurig, dass der Hund mit der Partnerin ganz anders umging. Der Halter konnte sich das nicht erklären und wünschte sich für sich und seinen Hund mehr Entspannung. Ich fragte ihn, ob er Prüfungsangst habe, was er bestätigte. Viele Menschen stehen ihrem eigenen Erfolg im Weg, allein deshalb, weil sie aus Angst vor Wertungen Prüfungssituationen umgehen.

Der Halter stellte also in dem Fall sein unangenehmes Gefühl, beobachtet zu werden in Form von einigen Figuren auf. Dieses Aufstellen geschieht völlig intuitiv, hier kann niemand etwas falsch machen, es zeigt das innere Seelenbild.

Der Hundehalter stellte eine Figur für sich selbst (Figur im Vordergrund) und die zuschauenden Menschen auf (drei Figuren im Hintergrund) und eine Figur (rechts) für die Ursache seines Gefühls auf.

Als er sah, wie er die Figuren angeordnet hatte, wurde ihm schon bewusst, dass die Menschen nur ihn anschauten. Auf dem Platz der rechten Figur war der Satz „ich sehe wenn du Fehler machst" als Ursache für sein unangenehmes Gefühl zu spüren. In weiteren Schritten wurde klar, dass es sich bei der rechten Figur stellvertretend um seine Mutter handelte. Bis zu diesem Zeitpunkt war es für ihn eine wichtige Erkenntnis, die ihm aber auch seine innere Starre in seinem Leben noch einmal bewusst machte. Es fiel ihm sehr schwer, eine andere Position einzunehmen, und auch die Mutter zeigte keine Absichten etwas zu verändern. In den Aufstellungen, die ich leite, empfehle ich nicht einfach die Position zu ver-

ändern, das würde nicht die wirkliche Ursache aufdecken können. Ich finde es zudem je nach Blickwinkel und Situation nicht vertretbar auf diese Art einzugreifen.
Ich selbst als Leiterin der Aufstellung, hatte in dem Moment die Intuition, dass der Vater der Mutter helfen könne und schlug vor einen Stellvertreter für den Großvater des Hundehalters mit in das Bild zu nehmen. Ob das ethisch vertretbar ist, entscheidet im Prinzip die Erfahrung des Aufstellers und die Reaktion der einzelnen Stellvertreter. In diesem Fall fühlten sich alle mit dieser Möglichkeit gut. Auch der Stellvertreter des Großvaters fühlte sich sehr wohl in dieser Position, und bot eine aktive Mitarbeit an.
Der Hundehalter stellte das stellvertretende Symbol für den Großvater (Figur in der Mitte) aus einem Gefühl heraus zwischen sich und die beobachtenden Menschen. Das alleine entspannte ihn sehr, er konnte es deutlich aus seiner Position heraus fühlen.
Der Großvater schaute dabei die Mutter an und sagte nach einer Weile: „Lass doch endlich dieses Kind in Ruhe, ich kümmere mich nun um dich, wie ich es früher hätte tun sollen als dein Vater."

Nach diesem Satz des Großvaters: Die Menschen (Figuren auf der linken Seite im Hintergrund) nun hinter dem Hundehalter (Figur auf der linken Seite im Vordergrund). Der Großvater (Figur links auf der rechten Seite) bei der Mutter des Hundehalters (Figur rechts auf der rechten Seite) also bei seiner Tochter.

Das änderte alles am Aufstellungsbild. Der Großvater ging zur Mutter, der Weg des Hundehalters auf ein selbstbestimmtes Leben war damit völlig frei. Die beobachtenden Menschen stellten sich dann hinter ihn als Unterstützung. Das gab ihm viel Kraft und Zuversicht.

Über die Emotionen und die Kommunikation während und nach der Aufstellung deckten sich die tiefen Hintergründe auf, die für alle im Familiensystem spürbar waren. Die Mutter hatte neidvoll auf ihren Sohn geschaut, was in ihm wiederum diesen inneren Druck in Bezug auf Prüfungssituationen erzeugte. Ihr Vater war durch den Krieg so traumatisiert worden, dass er ihr kein guter Vater sein konnte. Die Mutter war nun der Meinung, ihr Sohn hätte es einfacher gehabt. Durch diesen Blick auf

die Hintergründe entstand ein tiefes Verständnis des Hundehalters für seine Mutter.
Nach dieser Aufstellung, in der viele erlösende Tränen geflossen sind, erlebten wir bei den Gruppentreffen einen anderen Hundehalter und auch einen anderen Hund. Beide waren sehr entspannt, waren offen, Neues zu lernen und generell offen für Veränderungen. Von Sorgen oder Ängsten, wenn wir alle bei Übungen zuschauten, war nichts mehr zu sehen. Der Halter erzählte von seinen veränderten Gefühlen der Partnerin und dem Hund gegenüber. Alles sei leicht und offen geworden, er fühlte sich gesehen und geliebt, auch vom Hund. Nach einem halben Jahr wurde eine wichtige Prüfung von ihm souverän gemeistert und so konnte eine erfolgreiche berufliche Zukunft beginnen.
Auch hier hat der Hund mit seinem spiegelnden Verhalten dem Halter den Weg zu seinen eigenen Themen gezeigt. Wir können diese von der Natur angelegten Spiegelungen wunderbar für uns und die Mitglieder unseres jeweiligen Familiensystems nutzen. Auch in diesem Beispiel wird klar, dass es nicht darum geht einen Schuldigen zu finden. Jeder von uns reagiert auf die gesamten Prozesse im Familiensystem. Oft entsteht erst dadurch ein tiefes inneres Verstehen für das Verhalten anderer Familienmitglieder, was ihnen selbst im Allgemeinen auch nicht bewusst ist. Nach Aufstellungen erlebt man oft wunderbare Veränderungen im gesamten Familiensystem, ohne das einzelne Mitglieder anwesend waren oder davon wissen. Es ist aus ethischen Gründen elementar wichtig, hier mit guten Absichten für alle Mitglieder zu agieren. Diese Dynamiken werden von Aufstellern in aller Regel gut erkannt und, in Liebe dem System gegenüber, gemeinsam erarbeitet.
Auch die Stellvertreter in Gruppenaufstellungen nehmen dabei jeweils wichtige kognitive wie auch emotionale Erfahrungen für sich mit. Der Wunsch und die Bereitschaft von jemandem, sein eigenes Problem zu ergründen, kann so für alle eine wertvolle Bereicherung sein.

Systemische Aufstellungen beziehen sich auf Erfahrungen, Methoden und Vorgehensweisen aus verschiedenen Therapierichtungen. Hier können räumliche Bilder, die Dynamiken von Systemen erkennen lassen. Durch die Resonanz, also die Reaktion von Körper und Emotion, erhalten die Stellvertreter wichtige Hinweise auf Belastungen und Störungen. Erfahrungen, die sehr weit zurückliegen, können oft auf diese Art wahrgenommen werden. In Gesprächstherapien ist es langwierig oder schwierig, an diese Erinnerung zu kommen. Das limbische (emotionale) Gehirn bekommt dagegen in Aufstellungen die Möglichkeit, mit dem kognitiven (rationellen) Teil des Gehirns zu kooperieren.

Natürlich können wir Vergangenes nicht verändern, aber sehr wohl unsere aus Bildern und Überzeugungen entstanden Verhaltensmuster, die bei uns allen in Körper, Seele oder Gehirn gespeichert sind. Viele Erfahrungen werden in unseren Gene gespeichert. Denken sie nur an vorgeburtliche Erfahrungen, bezogen auf Hyperaktivität, Aggression oder Angst.

Georg W. Alpers und Antje B. M. Gerdes, Mitarbeiter des Psychologischen Instituts der Julius-Maximilians-Universität Würzburg, fanden heraus, dass Menschen Informationen besonders gut wahrnehmen, wenn sie mit Emotionen bzw. Gefühlen wie Freude, Angst, Trauer oder Zorn verknüpft sind. Sie fanden ebenfalls heraus, dass Angst unsere Wahrnehmung sehr stark beeinflusst. Wenn man das Ergebnis der Untersuchung auf Aufstellungen überträgt, erklärt es auch das intuitive „Aufspüren" von emotionalen Prozessen in Aufstellungen. In Aufstellungen wird oft klar, wie hilfreich es für unsere Seele ist, Dinge aussprechen zu dürfen. Auf vieles reagieren wir mit Angst, Wut und Schmerz, weil wir die Hintergründe nicht kennen oder weil wir selbst betroffen sind. Und diese emotionalen Reaktionen lösen wiederum etwas bei anderen Menschen aus. Ursachen, Gründe und Zusammenhänge reagieren stets systemisch miteinander. Der Körper beeinflusst psychische bzw. seelische Fakto-

ren und umgekehrt. Unsere Umwelt und Lernerfahrung reagieren gegenseitig, sowie auch unsere emotionalen „Spuren" in unseren Zellen und Genen Einfluss auf unsere Tiere haben. Die Dynamiken hinter dem, was wir erleben, werden in Aufstellungen sichtbar und erlebbar.
Ich bin um jede Erfahrung aus den Aufstellungen dankbar. Sie helfen mir durch meine Begeisterung und Leidenschaft, mein bisheriges Wissen an andere Menschen weiterzugeben. Ich bin oft erstaunt und gerührt, wie kraftvoll und herzlich Menschen werden, wenn sie die Ursachen für ihre inneren Sorgen loslassen können. Diese Prozesse betreffen direkt oder indirekt Familiensysteme und zeigen sich auch an geändertem Verhalten der Hunde, die sicherlich ebenso dankbar für so manche emotionale Entlastung sind.

Matrix (Quantenheilung)

Als ich angefangen habe, mich mit Quantenheilung zu beschäftigen, habe ich viel recherchiert, um zu verstehen, warum diese Anwendungen offenbar so effektive Wirkungen zeigen. Denn es ist schon in wenig befremdlich, wenn man bisher noch nie oder kaum etwas davon gehört hat, das war bei mir nicht anders. Zu vielen Themen aus diesem Kapitel gibt es unzählige Bücher, und auch das Internet platzt förmlich vor Informationen, Thesen und Ansichten.
Der Physiker Max Planck gilt als Begründer der heutigen Quantenphysik. Er entwickelte Anfang des 19. Jahrhunderts eine Formel zur Beschreibung der Frequenzverteilung. Zu dem Zeitpunkt war Albert Einstein mit der Relativitätstheorie noch recht unbekannt. Die Theorie von Materiewellen wurde 1924 von Louis de Broglie veröffentlicht. Auch die Physiker Erwin Schrödinger (Schrödingers Katze) und Werner Heisenberg (Matrizenmechanik) eröffneten eine neue Sicht auf beobachtbare physikalische Größen.

Auf der wahrscheinlich berühmtesten, der fünften Solvay-Konferenz im Jahr 1927 vereinigte sich die Weltspitze der damaligen experimentierenden und theoretischen Physiker. Auf der Konferenz wurde mit den bekannten Persönlichkeiten Albert Einstein und Niels Bohr (Einstein-Bohr-Debatte) über die Elektronen und Photonen neu formulierte Quantentheorie diskutiert. 17 der 29 Anwesenden besaßen oder bekamen in der Folgezeit den Nobelpreis.

Ein neuer Ansatz zur Beziehung von Geist und Materie wurde vorgestellt. So formulierte Werner Heisenberg: *„In den Experimenten über Atomvorgänge haben wir mit Dingen und Tatsachen zu tun, mit Erscheinungen, die ebenso wirklich sind wie irgendwelche Erscheinungen im täglichen Leben. Aber die Atome oder die Elementarteilchen sind nicht ebenso wirklich. Sie bilden eher eine Welt von Tendenzen und Möglichkeiten als eine von Dingen und Tatsachen."*[34]

Es wurde diskutiert, ob die Gedanken der Forscher die Ergebnisse der Experimente beeinflussen. Die anfänglich wichtigste Entdeckung war, dass alles Teilchen und Welle zugleich ist und der Beobachter das Ergebnis beeinflusst, viele kennen in dem Zusammenhang unter anderem das berühmte Doppelspaltexperiment. 1961 wurde das Doppelspaltexperiment mit Elektronen erfolgreich durchgeführt, inzwischen auch mit Atomen und Molekülen. Quanten sind die bisher kleinsten entdeckten Teilchen, also eine Art Elementarteilchen, die nicht weiter teilbar sind. Unstrittig ist jedoch, dass unser Bewusstsein Realität schafft. Wie wir die Welt sehen und empfinden, so ist sie für uns auch. Jemand anderes empfindet die Welt anders und erlebt sie auch anders. Heute existieren bildgebende Technologien, die aufzeigen, dass bereits die Vorstellung eines Verhaltens, als Beispiel die Vorstellung sich zu bewegen, zu bestimmten und messbaren Veränderungen der Hirnaktivität führt. Heute kommen viele forschende Bereiche zu dem Schluss: Wir gehören alle zu einem kollektiven Bewusstsein. Dazu gibt es zahlreiche Experimente, auch bezogen auf die Fähigkeiten des Gruppenbewusstseins. Die Quantenfeldtheorie in der Physik entstand 1927, die die Quantenmechanik nicht nur auf Partikel, sondern ebenso auf Felder übertrug. Der bekannte Schweizer Psychoanalytiker C. G. Jung sprach schon viele Jahre vorher vom kollektiven Unbewussten. Als energetisches Störpotential führen die Daten in diesem Bewusstsein zu mentalen, psychischen und physischen Ungleichgewichten, bis hin zu körperlichen Krankheiten.

Der Sozialpsychologe Kurt Lewin gilt als der Begründer der Feldtheorie, bezogen auf die Sozialpsychologie und den Begriff der Gruppendynamik menschlichen Verhaltens. Ein Feld bezeichnet einen Lebensraum für ein Individuum zu einem bestimmten Zeitpunkt. Die Feldtheorie beinhaltet, dass ein konkretes menschliches Verhalten eine Funktion von Erfahrungen, persönlichen Merkmalen und früheren Lernprozessen in Zusammenhang mit der jeweiligen Umgebung ist. Sie befasst sich mit der Person, ihrem Umfeld und deren jeweiligen Wechselwirkungen. Innerhalb und außerhalb dieser Felder fühlen wir uns von dem einen angezogen, oder von anderem abgestoßen.

Auch der Biochemiker Rupert Sheldrake prägte den Begriff der morphischen Felder und beschäftigt sich in vielen Untersuchungen und Studien sehr intensiv mit den sozialen Feldern von organisierten Gruppen.

Der bekannte Kernphysiker und Nobelpreisträger Hans-Peter Dürr war Schüler von Werner Heisenberg. Beide waren an Projekten über eine vereinheitlichte Feldtheorie der Elementarteilchen beteiligt. Die moderne Quantenphysik vereint heute Gedanken, die uns alle bewegen: *„Wir brauchen Zukunftsmodelle, die nicht alles grau und schwarz ausmalen, sondern lohnende Ziele formulieren. Ich möchte, dass die menschliche Gesellschaft wieder etwas optimistischer an ihre Zukunftsplanung herangeht. Die einzelnen Menschen sollen in ihrer Phantasie angeregt werden, auch kleine Änderungen vorzunehmen. Das ist eigentlich das Konzept der Zukunft."*[35]

Alle Materie ist Schwingung und geht in Resonanz miteinander, jede Schwingung ist Energie. Jedes Gefühl, jedes Wort oder Gespräch, jeder Eindruck und jede Erfahrung, die wir machen, wirkt auf Schwingungsebene und hinterlässt Spuren in unserem System und in unseren Zellen. Die sogenannten Schumann-Wellen sind messbar und wurden in den fünfziger Jahren von Prof. Herbert König, einem Schüler ihres Entdeckers, W. O. Schumann, erstmals exakt gemessen. Viele Schwingungsmuster kann man in biologischen Systemen nachweisen, wie zum Beispiel im Herz oder in Gedanken und Gefühlen.

Die Lebendigkeit des Universums und die verborgene Kraft unserer Gedanken im kollektiven Bewusstsein sind ein Paradigma der heutigen Zeit. In seinem Buch *Sinn: Ein Physiker verknüpft Erkenntnis mit Liebe*, verbindet der namhafte Physiker Marholf H. Niemz naturwissenschaftliche Grundlagen mit mystischen Erkenntnissen und fordert geradezu zu einer Haltung heraus, die vermeintliche Grenzen aufsprengt und zu einem allumfassenderen Verständnis aufruft: „*Viele Menschen glauben an übernatürliche Wunder, an göttliche Fügungen und sogar an die Auferstehung eines Toten. Doch für das größte Wunder dieser Welt, für die ästhetische Gesetzmäßigkeit der Natur, sind sie nahezu blind. Wie kann es sein, das die Natur an jedem Ort und zu jedem Zeitpunkt dieselben Gesetze anwendet. Nur sehr wenige Naturwissenschaftler bezweifeln, dass die bei uns geltenden Naturgesetze universell sind.*"[36]

Die sogenannte Quantenheilung gibt es in vielen Varianten und jeder kann sie lernen. Es handelt sich um eine im Grunde alte Heilkunst wie auch Akupunktur oder Homöopathie. Unsere innere Haltung, also positive wie negative Überzeugungen und Glaubenssätze beeinflussen unser Leben in viele Richtungen, die über die Matrixanwendung verändert werden können. Entstehende Körperreaktionen bei der Anwendung weisen hier den Weg in innere Veränderungen. Der Anwender gibt von sich selbst keine inneren eignen Prozesse weiter, er schafft im Prinzip Energie-Verbindungen.

Das finnische Forscher-Team um Lauri Nummenmaa von der Universität Aalto fand heraus, dass bestimmte emotionale Zustände in bestimmten Körperregionen fühlbar sind. Sie finden nähere Informationen dazu auch im Internet unter dem Begriff Verortung von Emotionen. Die Forscher fanden unabhängig von kulturellen Hintergründen zum Beispiel heraus, das Emotionen wie Trauer und Schwermut in den Gliedmaßen als Schwäche fühlbar sind. Sowie Ängste und Ekel im Bereich von Hals und Kehlkopf für uns körperlich fühlbar sind. Freude ist für uns auf der ganzen Körperebene spürbar, speziell im Kopf und Brustbereich sind erhöhte Körperfunktionen messbar. Das Gehirn findet im Prinzip „Gründe", sich schlechter oder besser zu fühlen, weil unsere Emotionen unsere Wahrnehmung und unseren Herzschlag und Atmung beeinflussen.

Matrix-Anwendungen setzen auch auf der Körperebene an, weil bestimmte Körperempfindungen und bestimmte Emotionen sich gegenseitig beeinflussen. Unsere Gedanken und Erfahrungen als Grund für viele Emotionen manifestieren sich in unserem sogenannten Quantenfeld oder auch im Mentalkörper als emotionale Bewertung. Die Anwendung der Quantenheilung hat auch das Ziel, die Ursachen von Gedanken und Emotionen im Gehirn anders zu verschalten. Der innere Blickwinkel auf unser Leben kann sich verändern und im Prinzip neue Beweise für unsere veränderte Sicht auf die Welt erhalten.

Wenn wir erkennen, was wir denken und fühlen, können wir auch bewusst entscheiden, wie wir uns fühlen und wie wir denken möchten. Gedanken sind die Ursache für unsere emotionalen Zustände, die neurobiologischen Wirkungen in unserem Gehirn arbeiten Hand in Hand mit unserem Unterbewusstsein.

Genau an diesem Punkt setzt die Anwendung der sogenannten Quantenheilung an, in ein anderes Bewusstsein. Die Qualität unseres Bewusstseins bestimmt unsere Lebensqualität. Dabei wird meist noch nicht einmal jemand berührt, ein Anwender verbindet nur eine bestimmte Energie mit dem Empfänger und führt ihn, einfach erklärt, durch eine neue Gedanken- und Gefühlswelt. Aber es ist natürlich noch viel mehr damit möglich.

Für einen Einstieg finde ich das Buch *Quantenheilung leicht gemacht* der Heilpraktikerin Fei Long sehr gut gelungen. Sie schreibt: „*Wie genau das Bewusstsein mit der Quantenebene in Verbindung tritt, ist noch wenig erforscht. Es liegt jedoch nahe, das bildhafte Vorstellungen (Visualisierungen) eher messbare und tiefgreifender Veränderungen im Quantenverhalten bewirken als rein rationale Gedanken. Das Gehirn ist bei ganzheitlichen Vorstellungen viel umfassender aktiv als bei isolierten Denkvorgängen. Je komplexer eine Vorstellung ist, desto mehr Neuronen im Gehirn sind aktiv.*"[37] Auf diese Aussagen von ihr gehe ich im nächsten Kapitel noch etwas genauer ein.

Ich wende Quantenheilung in meiner Arbeit oft in Kombination mit Aufstellungen an. Menschen und Tiere reagieren hervorragend auf die Anwendungen, entspannen sich oft nachhaltig und erleben damit eine andere Sicht auf viele Erlebnisse.

4 Interessante Erkenntnisse aus Wissenschaft und Forschung

„Durch bloßes logisches Denken vermögen wir keinerlei Wissen über die Erfahrungswelt zu erlangen; alles Wissen über die Wirklichkeit geht von der Erfahrung aus und mündet in ihr."
Albert Einstein

Vielen Menschen sind Entdeckungen aus Wissenschaft und Forschung vielleicht nicht in dieser Komplexität bekannt. Und sie würden sie auch nicht unbedingt mit Hundeerziehung in Verbindung bringen. Dieser 4. wissenschaftliche Teil des Buches bietet an, so manche Annahme und Sichtweise auf unser Leben und dem Zusammenleben mit unseren Hunden zu erweitern.

Vernetzung von Gefühl und Rationalität, Herz und Gehirn

Ich stelle Ihnen in diesem Kapitel Menschen vor, die im Bereich der Neurobiologie dazu beitragen, ein Umdenken in Gang zu setzen. Denn gerade in den letzten Jahren hat auch die Neurobiologie Entscheidendes erforscht, und diese Erkenntnisse verändern gerade viele Ansichten der letzten Jahrhunderte. Sicherlich gibt es noch viel mehr Menschen, die die Ergebnisse ihrer Forschungen als ihr Lebenswerk bekannt gemacht haben, diese jedoch alle hier aufzuführen, würde den Rahmen dieses Buches sprengen. Beide Forscher, die ich für mein Buch ausgewählt habe, verbinden mit ihrer Arbeit das Wissen um die Funktion unseres Gehirns, Psychologie und die Wirkung auf viele systemische Zusammenhänge. Die hier angesprochenen Informationen können Sie, wenn Sie möchten als Impulse für sich sehen, sich tiefer damit zu beschäftigen.
Ein Beispiel ist Gerald Hüther, einer der renommiertesten Hirnforscher Deutschlands. Er ist Professor für Neurobiologie und leitet die Zentralstelle für Neurobio-

logische Präventionsforschung der Psychiatrischen Klinik der Universität Göttingen. Ebenso ist er Leiter des Instituts für Public Health der Universität Mannheim/Heidelberg. Er erforscht seit Jahren den Einfluss früher Erfahrungen auf die Hirnentwicklung, etwa wie sich Angst und Stress auswirken. Es entstehen immer differenziertere Kenntnisse über die Beeinflussbarkeit biologischer Prozesse durch psychische Faktoren.

Gerald Hüther ist ein Forscher zum „Anfassen", er ist nicht in seinem Labor geblieben, sondern hat seine Ergebnisse in Vorträgen und vielen Projekten an Menschen umsetzbar vermitteln können. Er ist aktiv in Schulen und Kindergärten, hat in psychologischen Kreisen beraten und vieles mehr. Natürlich sind auch diese Strukturen nicht mal eben verändert, sondern es bedarf eines globaleren Umdenkens vieler Menschen. Forschung und Wissenschaft sind aber bereits dabei, diese Entwicklung voranzutreiben. Es ist der Anfang wunderbarer bahnbrechender Veränderungen. Gerade jetzt vollzieht sich eine Synthese zwischen geisteswissenschaftlichen und naturwissenschaftlichen Ansätzen.

In seinen Büchern schreibt Gerald Hüter, wie unkontrollierbare Stressreaktionen und Angst erkannt und bewältigt werden können. Er stellt neuere Untersuchungen vor, die zeigen, welchen Einfluss die Anwesenheit eines vertrauten Tieres auf Menschen und Hunde hat. Er geht auf das Belohnungssystem im Gehirn ein, das nur dann reagiert, wenn die emotionalen Zentren im Hirn angesprochen werden, also wenn diese Begeisterung auf emotionaler Ebene geschieht. Um umdenken zu können, muss ein anderes Muster an Vernetzungen im Gehirn entstehen. Er ist der Meinung, das könne gelingen, indem wir uns zum Beispiel weniger für materielle als mehr für emotionale Dinge begeistern, um unsere Potentiale voll ausschöpfen zu können. In seinem Buch: *Was wir sind und was wir sein können* schreibt er über das Geheimnis des Gelingens: *„Das kann freilich nur gelingen, wenn wir nicht gleich nach Antworten und fertigen Rezepten su-*

chen. Vielleicht müssen wir uns Fragen stellen. Und das müssen Fragen sein, die uns selbst dazu bewegen, durch eigenes Nachdenken und auf Grund unserer eigenen Erfahrungen nach Antworten zu suchen. Wir müssen zudem versuchen, uns dabei nicht von unseren bisherigen Vorstellungen, sondern lieber von unserer Vorstellungskraft leiten zu lassen. Und wir sollten uns schließlich an jeder Stelle unserer Entdeckungsreise kritisch fragen, ob die Antworten die wir gefunden haben, nicht nur durch unsere eigenen Erfahrungen, sondern auch die aller anderen Menschen, die wir kennen und die uns nahestehen, bestätigt werden."[38] Unsere Vorstellungen und Überzeugungen sind nicht nur in unserem Gehirn verankert, sondern eng mit den emotionalen Zentren in unserem Gehirn. Diese wiederum sind zuständig für die Regulation unserer Körperfunktionen. In dem Vortrag *Glücksgefühle*, der bei *YouTube* veröffentlicht wurde, sagt Gerald Hüter: „*Deshalb haben wir das Gefühl, es zerreiße uns das Herz, wenn jemand uns dazu bringen will, von einer schönen, liebgewonnenen und bequemen Vorstellung Abschied zu nehmen.*"[39] Er beschreibt, wie unsere Emotionen in Form von systemischem Denken unser Verhalten beeinflussen. Er geht auf Forschungen ein, die zeigen, dass Kinder demjenigen auf natürliche Weise folgen, der hilfreich zu Seite steht und unterstützt. Er deckt auch auf, wodurch ältere Kinder lernen, demjenigen zu folgen, der ihn ausbremst. Das beeinflusst unser Leben und auch das unserer Hunde, die mit uns zusammenleben und von uns lernen, oft elementar. Diese Dynamiken, die er anspricht, können beispielsweise durch Aufstellungen aufgedeckt werden.

Viele Menschen fragen mich, ob eine Veränderung bei ihren älteren Hunden möglich ist. Natürlich ist es möglich. Auch wenn wir lange der Meinung waren, unser Gehirn würde wie ein Muskel funktionieren, ist inzwischen bekannt: Neue Netzwerke bilden sich bis ins hohe Alter.

Der Bestseller-Autor, Neurologe und Psychiater David Servan-Schreiber erklärt in dem unten genannten Buch, wie wichtig eine Harmonisierung der körperlichen und seelischen Funktionen ist und welche Auswirkungen auch Haustiere auf unsere Gesundheit haben können. Er beschreibt sehr eindrucksvoll, wie unser (limbisches) emotionales Gehirn Vorrang zum (rationellen) kognitiven Gehirn hat. Mit anderen Worten: Wenn unsere Emotionen vorrangig wirken, können wir keine klaren rationalen Entscheidungen treffen. Das emotionale Gehirn ist bei allen Säugetieren gleich und ist älter als das kognitive Gehirn: *„Wie das Team von Patricia Goldmann-Rakic an der Universität Yale bewies, verfügt das emotionale Gehirn über die Fähigkeit, den präfrontalen Kortex, den am höchsten entwickelten Bereich das kognitiven Gehirns, abzuschalten.“*[40] Es werden viele Möglichkeiten vorgeschlagen, wie wir unsere Selbstheilungskräfte mobilisieren können, um Ausgleich für unsere Emotionen zu schaffen. Damit ist es auch möglich, zu einer besseren Intuition oder auch anders ausgedrückt: feinstofflicheren Wahrnehmung zu kommen.

Im Umgang und Training mit unseren Hunden kann uns das sehr helfen, denn manchmal macht eine andere Wahrnehmung Training erst möglich. Viele von Ihnen haben es vielleicht im Training oder auf Seminaren schon erlebt: Wenn ein Trainer dabei ist, läuft alles rund. Kaum Zuhause, geht alles von vorne los. Der ein oder andere macht den Trainer verantwortlich, notfalls eine Reihe von Trainern. „Ich habe alles genau so gemacht wie der Trainer" sind bekannte Sätze. Und das ist aus dieser Wahrnehmung sogar die Wahrheit. Es ist erklärbar und nur allzu menschlich. Eine Entwicklung kann aber nur dann stattfinden, wenn man seine Wahrnehmung ändert und sich neue Fragen stellt. Fragen, die mit mehr zusammenhängen, als mit dem, was das eigene Auge noch erfassen kann und sich nur auf den Hund bezieht. Trainer sind nicht mit Ihrem Hund emotional verbunden, sie sind in ihrer Wahrnehmung und Handlung nicht beeinflusst. Sie können Ihr Wissen und ihre Erfahrung emotional unabhängig umsetzen. Das ist oft das ganze Geheimnis. Ich selbst weiß nur allzu gut, dass mein

Ehemann und ich bei unseren eigenen Hunden ebenso auf diese Beeinflussung achten müssen. Wir sind sehr dankbar, uns mit Kollegen austauschen zu können, um auch einen Blick von außen zu erhalten.

Eine Kundin von uns hatte ein wunderbares Schlüsselerlebnis: Sie behauptete monatelang, ihr Hund sei ängstlich. Selbst dann noch, als ich immer wieder zeigen konnte, dass sie das ängstliche Verhalten ihres Hundes selbst hervorruft. Natürlich war das ein ihr unbewusster Prozess. Aktuell werden alle Hundeschulen vom Veterinäramt geprüft. Während dieser Prüfung in unserer Hundeschule war die Kundin mit ihrem Hund anwesend. Auch die Amtstierärztin bestätigte ihr daraufhin meine Sichtweise. Bei ihr löste diese zweite Meinung einen Knoten, und sie konnte mit dieser Gewissheit von vielem loslassen. So braucht jeder Mensch etwas anderes, um die nächsten Schritte überhaupt gehen zu können.

Die Art, wie wir denken oder handeln beeinflusst unsere Gefühle. David Servan-Schreiber beschreibt in seinem Buch sehr gut, warum unser Erfolg nicht von Intelligenz, sondern von emotionaler Intelligenz abhängt. Ernährung, Herzfrequenz, Emotionen und die Art unserer emotionalen Verbindungen beeinflussen unser Verhalten und unsere Wahrnehmung und Denken wie auch unsere Handlungen, alles reagiert miteinander.

Auf das Hundetraining bezogen finde ich die präzisen Vorschläge und Übungen in diesem Buch zur Stabilisierung für den *Gleichklang des Herz-Rhythmus (Kohärenz)* sehr interessant und hilfreich. Kardiologen und Psychologen arbeiten schon viele Jahre eng zusammen und haben dadurch den Begriff Kohärenz geprägt. David Servan-Schreiber beschreibt den ausgeglichenen Zustand von Herz, Atmung und Blutdruck. Das Herz arbeitet sehr eng mit unserem rationalen und emotionalen Gehirn und mit unserm Nervensystem zusammen. Ungleichgewichte zwischen Gefühl und Verstand beeinflussen Körperzustände. Inzwischen gibt es viele Angebote für Kohärenztraining. Ich habe gelernt, meine Frequenz über eine

Yoga-Technik oder Matrix- Anwendung herunterfahren, was sich sichtbar auf Hunde auswirkt. In vielen Situationen kann ich dadurch bewusst meine Wahrnehmung schärfen und mich innerlich fokussieren, wenn es nötig ist.

Wenn Sie bedenken, dass jeder in angespannten Situationen eine innere Aufregung oder Angst verspüren kann, ist klar das Hunde darauf reagieren. Denken Sie nur einmal an manche Hundebegegnungen. Dieser Zustand der Kohärenz beeinflusst auch alle anderen Körperfunktionen deshalb führt ein dauerhaftes Ungleichgewicht unter Umständen auch zu Krankheiten. Mich hat das Buch noch einmal motiviert, bewusst daran zu arbeiten, nicht nur für mich selbst, sondern auch für mein Umfeld und meine Hunde.

Das größte elektromagnetische Feld des menschlichen Körpers ist das des Herzens und dieses kann über mehrere Meter Entfernung gemessen werden. Es beeinflusst nicht nur den eigenen Körper, sondern auch Menschen und Tiere in unserer Nähe. Die Wellen synchronisieren sich sozusagen mit dieser Frequenz, und das führt zu Anziehung oder Ablehnung. Das erklärt, bezogen auf das elektromagnetische Herzfeld, die Spiegelgesetze und Resonanz. David Servan-Schreiber schreibt dazu: *„Zu guter Letzt lässt das Herz den gesamten Organismus an den Veränderungen in seinem ausgedehnten elektromagnetischen Feld teilhaben, das man noch in einigen Metern Entfernung vom Körper nachweisen kann."*[41]

Jeder von uns hat schon einmal bewusst oder unbewusst ein komisches Gefühl wahrgenommen, wenn jemand in den Raum kommt, der innerlich aufgewühlt oder instabil ist. Genauso andersherum kennen wir Menschen, die situativ oder oft eine gelöste, lustige Stimmung verbreiten können, egal, was sie tun oder wie sie aussehen, wir fühlen alle, wie authentisch diese Menschen gerade sind.

Bekannt ist auch die Tatsache, dass Löwen in einer „Ich-bin-satt-Energie" völlig gelassen neben Beutetieren trinken können, gemeint ist hiermit diese Frequenz, oder auch

umgangssprachlich Ausstrahlung. An anderen Tagen spüren diese Beutetiere, dass es besser wäre, sich von den Löwen fernzuhalten. Viele kennen das auch unter Hunden, sie reagieren auf diese inneren Prozesse. Manchmal fühlen es einige bewusst, manchmal eher unbewusst.
In seinem Buch *Tipps vom Hundeflüsterer* geht Cesar Millan auf diese nonverbale Kommunikation zwischen Menschen und Tieren ein: *„Ohne es zu wissen, senden wir rund um die Uhr nonverbale Informationen! Unsere Mitgeschöpfe können die Signale noch erfassen, nur haben wir keinen Schimmer mehr, wie wir sie verstehen sollen. Sie erfassen unsere Botschaften laut und deutlich, selbst wenn wir nicht einmal mehr erahnen, dass wir mit ihnen kommunizieren. Diese Art der Universellen Sprache zur Verständigung zwischen den Arten heißt Energie."*[42]

Spiegelungen aus biologischer Sicht: Spiegelneuronen

Inzwischen gibt es wissenschaftliche Erklärungen für Intuition und Mitgefühl, wie eine italienische Forschergruppe an der Universität in Parma (Leiter Giacomo Rizzolatti) 1996 herausfand. Spiegelneuronen (Nervenzellen) sind ein biologisches Resonanzsystem im Gehirn, die Gefühle und Stimmungen anderer Menschen beim Empfänger beeinflussen und spiegeln. Joachim Bauer, Neurobiologe, Arzt und Psychotherapeut hat in seinem Buch: *Warum ich fühle was du fühlst* über die Bedeutung von Spiegelneuronen geschrieben: *„Interessant sind auch Spiegelphänomene zwischen Mensch und Hund, die teilweise ja in sozialer Gemeinschaft leben: Spiegelndes Verhalten zwischen diesen beiden Spezies lässt sich zum Beispiel dann beobachten, wenn der Mensch (oder der Hund) seine Aufmerksamkeit spontan oder intuitiv auf den Gegenstand richtet, den der Hund (oder der Mensch) gerade fixiert. Spezies, die untereinander spiegeln können, bilden gleichsam ‚befreundete' Artenfamilien."*[43]
Er schreibt über Spiegelneuronen als Grundlage unserer emotionalen Intelligenz und Empathie. So bestimmen sie

unser Bauchgefühl und die Fähigkeit zu lieben und haben Einfluss auf unsere sozialen Beziehungen. Spiegelneuronen ermöglichen die intuitive Wahrnehmung und Kommunikation. Der Autor geht zum Beispiel auch auf telepathische Fähigkeiten, bezogen auf die Spiegelneurone ein. Je mehr wir an emphatischem Gefühl zulassen können, umso besser können unsere Spiegelneuronen „arbeiten", und demnach können wir mehr Empathie empfinden. Elementar wichtig ist aber nicht nur die Fähigkeit, spiegeln zu können, sondern auch Resonanzphänomene zu erkennen und sich abzugrenzen. Welche sozialen und gesundheitlichen Auswirkungen es haben kann, sich nicht abgrenzen zu können, beschreibt er in mehreren Beispielen, bezogen auf unseren Alltag.

Wenn unsere Absicht und die eigene Überzeugung unseren Handlungen entsprechen, wirkt diese Absicht authentisch beim Gegenüber, dies wird intuitiv wahrgenommen. Wenn der Handelnde spontan und authentisch ist, also im Einklang mit seiner Handlung, wird das als sympathisch empfunden. Wichtig ist dabei auch zu erkennen, dass diese positive Ausstrahlung zusammenbricht, wenn Personen im Mitgefühl vollständig aufgehen. Mit anderen Worten: Mitgefühl ist hilfreich, Mitleid kann nicht mehr positiv vom gegenüber wahrgenommen werden. Ohne die nötige emotionale Distanz geht auch die Fähigkeit verloren, helfen zu können. Wenn wir unsere eigene Emotion und Motivation mehr hinterfragen, erhalten wir Antworten, warum wir unseren Hunden oftmals nicht helfen können. Unabhängig davon, welche „Technik" wir anwenden oder nach welcher Vorgehensweise wir uns verhalten. Haben wir selbst innere Stressthemen, wird ein Hund sich nicht entspannen können. Haben wir selbst Ängste, bewusst oder unbewusst, können unsere Hunde ihre Ängste nicht loslassen. Damit zeigen sie uns unseren eigenen Anteil ihres Verhaltens.

Joachim Bauer beschreibt zum Beispiel in seinem Buch, wie die innere Einstellung des Arztes beim Patienten eine Resonanz der Spiegelneuronen auslöst und umge-

kehrt. Würden diese Resonanzen mehr bewusst genutzt, würden sich alleine durch das Gespräch bessere Erfolge in der Diagnostik einstellen können, weil diese Resonanzen einen hohen Informationswert haben. Früher hat der Landarzt noch Zeit gehabt und sich auf seine Intuition und Erfahrung verlassen müssen, heute zücken Ärzte oft den Rezeptblock oder untersuchen mit Hilfe von maschineller Unterstützung. Es ist natürlich sehr hilfreich, aber es fehlt oft der intuitive, zwischenmenschliche Zugang aufgrund der heutigen Struktur. Der Autor beschreibt aber auch, dass beim therapeutischen Gespräch meist intuitive Prozesse stattfinden. In der Wahrnehmung des Therapeuten äußert sich diese Resonanz als spontan auftretenden Gedanken oder Empfindungen, die sehr hilfreich sind. Im Prinzip zeigen diese Forschungen auch, wie wichtig die Empathie des Gegenübers den Erfolg von Therapie beeinflusst. Im therapeutischen Gespräch wird ja nicht auf „Geräte" zurückgegriffen, hier ist der Zugangsweg ein anderer.
Übertragen auf das Hundetraining könnte man sagen, dass das Ziel, „Kommandos" zu befolgen, nicht die Gründe aufdeckt, warum manche diese Anweisungen nicht umsetzen können. Natürlich beziehen sich diese Erkenntnisse ebenso auf Unterhaltungen mit allen sozialen Kontakten, die wir haben, auch auf die Kommunikation mit unseren Hunden, die ja auch Spiegelneuronen haben. Auch im Umgang mit unseren Hunden und im Hundetraining kann eine auf Erfahrung und Intuition geführte Analyse mehr an Impulsen auslösen, also Resonanz entstehen lassen, als die leider oft technisierte Trainingswelt.

Das Gedächtnis des Körpers – Beziehungen und Lebensstile steuern unsere Gene

Unsere Gene sind nicht grundsätzlich festgelegt, wie es die Wissenschaft lange angenommen hat. Unsere Gene steuern nicht starr den Ablauf unseres Lebens, so können wir unsere Gene oft selbst regulieren. Jeder Mensch, mit dem wir eine emotionale Beziehung hatten, oder verbunden waren, hinterlässt in uns eine Spur. Diese genetische „Beschriftung" durch Erfahrungen hat Folgen, die wir aber verändern können. Forschungen erklären auch, warum wir und unsere Hunde unterschiedlich stark auf Stress reagieren mit allen Folgen, die Stress mit sich bringen kann. Im Prinzip werden im Gehirn negative und positive zwischenmenschliche Beziehungen und Erfahrungen gespeichert und das beeinflusst unsere Gene, die wir alle so „beschriftet" an unsere Nachkommen weitergeben. Wie das geschieht in Körper und Geist und welche psychischen und physischen Folgen das hat, ist individuell verschieden. Es erklärt die Grundsätze der psychosomatischen Erkrankungen, also die Wechselwirkung zwischen Seele und Körper wie auch Phänomene der systemischen Aufstellung.

All das bezieht sich direkt und indirekt auch auf unsere Hunde. Entweder in ihren genetischen Anlagen, die ihr Handeln beeinflussen, oder in der Erfahrung, die sie selbst gemacht haben und auch weitergeben. Joachim Bauer schreibt dazu in seinem Buch *Das Gedächtnis des Körpers*: *„Der kanadische Stressforscher Michael Meaneys hat eine Serie von Aufsehen erregenden Untersuchungen durchgeführt, die aufgrund ihrer Bedeutungen in den renommiertesten internationalen Zeitschriften publiziert wurden. Michael Meaneys Arbeitsgruppe konnte zeigen, dass das Ausmaß mütterlicher Zuwendung nach der Geburt eine entscheidende Rolle dafür spielt wie das CRH-Gen lange Zeit später bei den ausgewachsenen Tieren unter Stress reagieren wird."*[44]

Er stellte fest, dass die Hunde, die viel liebevolle Zuwendung nach der Geburt erhielten, im ausgewachsenen Zustand deutlich weniger Stresssignale zeigten und weniger ängstlich waren. Auch die Lernfähigkeit der Hunde war deutlich besser, was anhand der Anzahl der Synapsen (Verschaltungen in Gehirn) gemessen werden konnte. Bei der Entwicklung von Kindern ist das bezogen auf die Bindungsqualität aus anderen Forschungen ebenfalls bekannt.

Meaneys fand auch heraus, dass dauernde Stressbelastungen von Menschen, die auch durch frühe traumatische Erfahrungen, die Gedächtnisleistung im Gehirn beeinträchtigt wird. Über diesen Zusammenhang können Sie in einem Fallbeispiel über hilfreiche Aufstellungen im 5. Kapitel lesen. Die Gedächtnisleistung des Halters konnte sich bei der Betrachtung der Spiegelung seines Hundes entscheidend verändern, nachdem sein Trauma aufgelöst werden konnte.

Die nachweisbaren Wirkungen auf die neurologischen Prozesse im Gehirn durch Therapien bei Menschen werden im Buch von Joachim Bauer in eindrucksvollen Studien aufgezeigt sowie auch die körperlichen Erkrankungen und Prozesse, die damit zusammenhängen.

Unsere Erfahrungen werden in den Genen als „Programme" abgespeichert, sie wirken sich auf die Bewertung aktueller Situationen aus. Das würde neurobiologisch erklären, dass Menschen ihre eigenen abgespeicherten Erfahrungen in das Verhalten ihrer Hunde hineininterpretieren. So „blenden" wir auch oft bestimmte Verhaltensweisen unserer Hunde aus, weil wir aus unserer persönlichen Emotion heraus das Verhalten anders wahrnehmen. Joachim Bauer nennt es die Bewertung der Seele bzw. der Hirnrinde und des limbischen Systems. Ein mögliches Beispiel einer solchen emotionalen Bewertung wäre, wenn der Hund einen Maulkorb tragen muss, dieses aber vom Halter abgelehnt wird. Dafür kann der Mensch verschiedene emotionale Gründe haben. Sieht man die Verhaltensweisen von Menschen und Hunden aus der Sicht der „Spiegelungen", ist erklärbar und völlig verständlich, warum wir alle in manchen Situationen nur über den Blick von außen diese Prozesse erkennen können.

Eine Hundehalterin wurde von ihrem Hund auf Schritt und Tritt bewacht, sie wurde sozusagen völlig in Besitz genommen. Sie hat in vielen Hundeschulen lange versucht, das Verhalten ihres Hundes zu verändern. In unserer systemischen Beratung bei mir kam die Frage auf, woher die Kundin dieses Gefühl schon kennt. Eine Aufstellung zeigte, dass sie sich von ihrem Mann ganz subtil „bewacht" fühlte. Erst über das Verhalten ihres Hundes wurde ihr diese Überwachung bewusst und sie konnte ihrem Mann gegenüber klarer auftreten. So stellte auch der Hund ganz ohne Training diese Verhaltensweise ein. Dieses Paar führt heute eine sehr gute Ehe mit einem ausgeglichenen Hund. Dazu waren viele Faktoren und Prozesse nötig, aber der erste Schritt ist ja bekanntlich der wichtigste.

Warum sich Biochemie und Quantenphysik sinnvoll ergänzen

Als Brückenschlag zwischen Biologie und der modernen Physik wird vielen Lesern Rupert Sheldrake bekannt sein, ein Biochemiker, Zellbiologe und Buchautor. Er schloss sich während seiner biochemischen Forschung mit einer Gruppe von Wissenschaftsphilosophen aus Quantenphysikern und Visionären zusammen, die die Gebiete zwischen Naturwissenschaft Philosophie und spiritueller Erkenntnis erforschten. Während dieser Zeit der Forschung machte er sich Gedanken über eine mehr ganzheitliche Wissenschaft.

In vielen Beobachtungen von Tieren hat er herausgefunden, dass es ein „wissendes Feld" gibt, das „morphogenetische Feld", das alles miteinander verbindet und das Informationen beinhaltet. Er schreibt in seinem Buch *Der siebte Sinn der Tiere* über Versuche und Forschungen zwischen Menschen und Tieren. Inzwischen sind seine Bücher weltweit bekannt. Genauso gibt es über seine Forschungen Videos bei *YouTube*. Er schreibt: *„Diese engen Bande zwischen Menschen oder – wie in diesem Zusammenhang – zwischen Tieren und Menschen bein-*

halten auch eine emotionale Resonanz. Das bedeutet, dass Tiere ihre Menschen trösten und heilen können."[45]

In seinem Buch *Das Gedächtnis der Natur* beschreibt er, wie Verbindungen zwischen Tieren in Gruppen in den so genannten „morphischen Feldern" miteinander verbunden sind und über ein kollektives Gedächtnis verfügen. Der Prozess, der das kollektive Gedächtnis der Vergangenheit auf die Gegenwart überträgt nennt er morphische Resonanz. Eine Erfahrung der Vergangenheit wird also in diesem Feld, um uns oder in einer Gruppe, übertragen. Diese Gruppe reagiert immer auf die Bedürfnisse der Gemeinschaft.

Er beschreibt Untersuchungen, in denen man heimische Singvögel in England über viele Jahre beobachtete, die herausgefunden hatten, die Deckel der Milchflaschen zu öffnen, die vor der Eingangstüre abgestellt wurden. Auch das wurde fast zeitgleich bei Vögeln in mehreren anderen Regionen beobachtet, obwohl sie auf keine Lernerfahrung zurückgreifen konnten. Frühere Untersuchungen von Konrad Lorenz und Iwan Pawlow zeigten lediglich eine innerartliche Übertagung.

Die Grundlage von Matrix-Anwendungen und Aufstellungen erklären sich mit einem „Lesen" von Informationen im morphischen Feld auf feinstofflicher Ebene. Auch Rupert Sheldrake ist der Ansicht, wenn über traumatische und belastende Ereignisse in einer Familie nicht gesprochen wird, können sich diese Schwingungsmuster durch die morphische Resonanz an die nächste Generation vererben. Diese Auswirkungen zeigen auch die aktuellen Hirnforschungen auf. In systemischen Aufstellungen zeigen sich immer wieder genau diese „Phänomene". Menschen suchen aufgrund eines immer wiederkehrenden Gefühls nach Lösungen. Doch sie kommen aus bestimmten Mustern nicht heraus, obwohl sie viel Kraft aufwenden, um diese zu verändern. Wer aber bereit ist, die Verantwortung anderer abzugeben und seine persönliche Verantwortung annimmt, dem zeigen Aufstellungen Möglichkeiten, wie sich diese wiederholenden Muster lösen können.

Ob es nun wissenschaftlich anerkannt ist oder nicht, diese Forschungen und Ansichten über die morphischen Felder, die Rupert Sheldrake seit 1981 erforscht, sind faszinierend. Was er erforscht, ist auch meine persönliche Beobachtung in Aufstellungen, das zeigt sich vor allem in den Veränderungen, die Menschen danach oft erleben. Für mich sind seine Ansichten logisch und erlebbar, welche Namen und Erklärungen auch im Moment dafür zur Verfügung stehen. Vor nicht allzu langer Zeit waren Forscher der Ansicht, das Gehirn ist ein Muskel der nur genug „gefüttert" werden muss, um aktiv zu bleiben. Immer mehr Trainer und Hundehalter wissen heute zunehmend, wie sehr diese Sichtweise unsere Möglichkeiten begrenzt. Es braucht jedoch Zeit, bis dieses Wissen in der breiten Masse bekannt ist und Menschen dieses immer mehr für sich nutzen können.

Was die Seele stark macht – Einblicke in die Resilienzforschung

Unsere psychische Widerstandsfähigkeit, wird mit dem Begriff Resilienz beschrieben. Das Wort Resilienz stammt ursprünglich aus der Physik und bedeutet in diesem Zusammenhang so viel wie „in seinen ursprünglichen Zustand zurückkehren". Damit sind die Eigenschaften von Materialien gemeint, die elastisch und flexibel auf äußere Einwirkungen reagieren und dabei dennoch ihre Form bewahren. Die Ursprünge der Resilienzforschung sind durch die Arbeit der amerikanischen Psychologin Emmy Werner aus den 1950er-Jahren bekannt geworden. Sie und ihr Team untersuchten innerhalb von 40 Jahren die Persönlichkeitsentwicklung von 700 Kindern auf der hawaiianischen Insel Kauai.
Hirnforscher sprechen bei Resilienz von der Beschriftung der Gene und beziehen sich auf die „Zusammenarbeit" von emotionalen und kognitiven Teilen des Gehirns. Bindungsforscher beziehen sich auf die Not-

wendigkeit von Vertrauensbildung und Selbstwertgefühl, die sich in den ersten Lebensjahren entwickeln müssen: Das betrifft nicht nur uns Menschen zum Beispiel bezogen auf unsere Kindheit, sondern auch unsere Hunde, die wie wir Menschen schon vor der Geburt Faktoren ausgesetzt sind, die ihre seelische Stabilität beeinflussen.
Die US-Forscher Karen Reivich und Andrew Shatté von der University of Pennsylvania beziehen in ihre Beschreibungen von hoch-resilienten Menschen auch den Begriff Impulskontrolle mit ein. Welchen Einfluss die Kontrolle unserer Impulse hat oder die unserer Hunde, erleben wir alle oft im Alltag. Viele Bereiche dieser Forschung befassen sich mehr und mehr mit den Möglichkeiten, Menschen zu mehr Resilienz zu verhelfen. Resilienz ist die Fähigkeit, erfolgreich mit belastenden Lebensumständen oder negativen Stressfolgen umgehen zu können. In Gehirnforschungen konnte nachgewiesen werden, dass resiliente Menschen im orbitofrontalen Cortex des Gehirnes weniger Aktivität zeigen. Resiliente Menschen machen sich im Allgemeinen weniger Sorgen um Vergangenheit oder Zukunft und warten eher ab, als sich über Vergangenes und Künftiges aufzuregen. Sie leben mehr im Hier und Jetzt, was hilfreich ist, nach schwierigen Situationen besser wahrzunehmen und sich zu erholen. Menschen, die sich auf den Augenblick konzentrieren, können dadurch nachweislich Sorgen und Ängste reduzieren und ihren Blutdruck senken. Diese Menschen sind von Herzen dankbar für das was ist, und streben innere und äußere Entwicklung an, indem sie Hindernisse aktiv in die Hand nehmen, Möglichkeiten nutzen und ihren Blickwinkel durch Erfahrungen erweitern.
Resilienz beschreibt auch die Toleranz eines Systems gegenüber Störungen. Dieser Forschungszweig befasst sich somit mit der Frage, was gebraucht wird, um Probleme als Herausforderung annehmen zu können und wie man gestärkt aus einer Krise herausgehen kann. Resiliente Menschen verfügen zum Beispiel über die Eigenschaft,

offen zu kommunizieren und Wert auf gute intensive Freundschaften zu legen, belastende Kontakte zu beenden oder Grenzen zu setzen, realistisch zu planen und ihre Zukunft positiv zu sehen. Sie sind beharrlich, kritikfähig und übernehmen Verantwortung, haben ein gutes Selbstwertgefühl und ein positives Menschenbild. Sie können Nähe und Distanz aushalten, haben Humor und eine gute Verbindung zur Natur. All diese Eigenschaften beziehen Menschen vor allem aus ihren oft unbewussten emotionalen Erfahrungen.

Es wird nach Möglichkeiten gesucht, mehr Optimismus zu empfinden, sich an Lösungen zu orientieren, die Opferrolle verlassen zu können und aktiv mit Verantwortung umgehen zu können. In vielen hilfreichen Anwendungen und der aktiven Auseinandersetzung mit Problemen und Herausforderungen können wir alle lernen, flexibler mit Herausforderungen umzugehen. Diese Flexibilität bezieht sich auch auf den Umgang mit unseren Hunden. Wir können authentischer sein und selbstbewusster bei möglichen Problemen handeln.

5 Anwendungsbeispiele

Mit den folgenden Anwendungsbeispielen zu systemischen Beratungen, Tier- und Familienaufstellungen sowie Matrix-Anwendungen möchte ich Ihnen einen Einblick in diese Anwendungsmöglichkeiten geben.
Diese sind teilweise von Kunden selbst geschrieben oder von mir zusammengefasst worden. Bitte haben sie Verständnis dafür, dass ich in den Beispielen nicht allzu sehr in die Tiefe gehen kann. Diese Anwendungen und die komplexen Feinheiten sind nicht leicht zu beschreiben. Es gehört eine Bandbreite an feinen Signalen dazu und sicherlich auch viele kleine Veränderungen in der Wahrnehmung, die das Training und die Kommunikation in diesen Beispielen schon bewirkt haben. Auch die im Buch genannten Formen der Anwendung haben keinen Knopf zum Abschalten. Sie bedingen eine innere Offenheit und die Fähigkeit zur Selbstreflektion, um innere Prozesse annehmen zu können. Bei den Aufstellungen, die ich anwende und beschreibe, handelt es sich nicht um einfache Verschiebungen von Positionen, sondern um komplexe Prozesse, die das jeweilige „Feld" vorgibt.
Ich finde es nicht sinnvoll oder kaum möglich, hier Handlungsanleitungen beispielsweise für Aufstellungen zu geben. Dieses Buch informiert lediglich über Prozesse zwischen Mensch und Hund und beschreibt Lösungsansätze. Jeder Mensch und Hund ist in seiner Entwicklung individuell und jedes dieser sozialen Systeme reagiert mit vielen Facetten auf verschiedenen Ebenen. Wenn hier in einem Beispiel ein Hund auf eine bestimmte feinstoffliche Information auf eine bestimmte Art reagiert hat, soll das auf keinen Fall heißen, dass Ihr Hund oder Sie selbst bei ähnlicher Thematik genauso reagieren. Wie ein Hund oder ein Mensch innerlich wie äußerlich reagiert, ist meiner Meinung nach nicht mit Regeln zu erklären, auch wenn einige Grundregeln von Familiensystemen klar erkennbar sind und

auch als solche in sich wirken. Liebe ist nicht erklärbar, aber fühlbar für jeden Menschen und für jedes Tier.
Beginnen möchte ich mit unserem eigenen Hund, der Mitte Dezember 2014 verstorben ist. In Achtung und Anerkennung unserer Familie dieser wunderbaren Tierseele gegenüber:

Begleitung für einen leichten Sterbeprozess

Unser wunderbarer Hund Aramis hat uns 13 Jahre lang begleitet, das ist für einen Briard ein hohes Alter, er war im Großen und Ganzen immer gesund und und hatte Freude am Leben. Im September 2014 stellte sich nach einigen irreführenden Diagnosen heraus, dass er einen Fremdkörper in der Lunge hat. Es konnte nicht festgestellt werden, ob er sich nur „verschluckt" hat oder ob es ein Tumor war, eine OP war nicht möglich, Ultraschallbilder sagten nicht genug aus. Er bekam entzündungshemmende und fiebersenkende Medikamente, die nach einer Woche in der Klinik auch endlich anschlugen. Des Weiteren auch Entwässerungstabletten, die verhinderten, dass er an dem Wasser in der Lunge innerlich ersticken musste. Was für eine Horrorvorstellung für uns, ihn so leiden sehen zu müssen. Etwa zwei Monate kam er sehr gut mit den Medikamenten klar, aber wir wussten, dass das nicht ewig so gehen konnte. Mit Absprache der Ärzte wollten wir ihm aber Zeit geben, solange er sich wohlfühlte. Er lief oft Runden von bis zu einer Stunde langsam mit unserem Rudel mit und es machte ihm sichtlich Spaß, er war aktiv dabei.
Anfang Dezember spitzte sich die Lage dann jedoch zu. Trotz grenzwertiger Dosierung der Medikamente konnte er schlechter atmen, fraß nicht mehr regelmäßig, nahm nur noch aus der Hand ein wenig Futter und wollte nachts oft raus, weil er musste, stand er aber dann im Garten, wirkte er verwirrt und ratlos. Er kam oft völlig durcheinander zu uns, hechelte und ich konnte fühlen, dass er nicht verstand,

was mit ihm los ist. Er wehrte sich gegen die körperliche Entwicklung, aber das war natürlich ein aussichtsloses Unterfangen. Also machten wir eine Tieraufstellung, um zu schauen, wie wir ihm helfen konnten.
Er, also der Stellvertreter in seiner Position, äußerte Unverständnis über den körperlichen Zustand. Er verstand wirklich nicht, was da gerade mit ihm passierte, er wollte noch so gerne eine Weile bei uns bleiben. Wir konnten ihm auf der energetischen Ebene vermitteln, dass seine Seele in Gedanken immer bei uns bleiben wird. Aber auch, dass sein Körper nur noch eine begrenzte Zeit in dieser Form leben kann. Wir vermittelten ihm, dass er aufgrund seiner gesundheitlichen Probleme bald sehr leiden müsse und uns das belasten würde. Wir wollten ihn aber nicht durch Einschläferung zwingen, seine Körperlichkeit zu beenden.
Mit dieser Information hat sich für ihn und uns alles verändert. Wir alle haben diese letzte Woche mit ihm sehr entspannt genossen. Er hat nachts durchgeschlafen, und wenn er zu uns kam, hat er sich freudig krabbeln lassen, auch hat er wieder regelmäßig ein wenig gefressen. Für diese Woche, die wir mit ihm noch hatten, sind sehr dankbar, und auch um diesen Prozess. Genau eine Woche nach der Aufstellung ist er sanft und friedlich in seinem Lieblingskörbchen eingeschlafen. Die beiden anderen Hunde konnten sich verabschieden, sie schnüffelten und legten sich neben ihn, so wie sie es sonst nie taten. Gute Reise, lieber Aramis, wir sind dir sehr dankbar das wir so lange mit dir leben und lernen durften, du warst ein ganz besonderer Hund für uns alle. Du hast so vielen Hunden und Menschen Wege gezeigt, zu handeln, ruhig zu bleiben und sich zu entspannen. Auch wir werden dich und das was du uns vermittelt hast nie vergessen.

Angst vor hellen Autos

Ein Hundehalter bat mich um Hilfe, weil sein Hund ängstliches Verhalten im Auto zeigte. Sein Hund war im

Allgemeinen sehr gut erzogen, war ausgeglichen und im Alltag völlig unauffällig. Der Halter selbst wirkte nicht sehr ausgeglichen. Er war geschieden und wollte es dabei belassen, hatte wenig soziale Kontakte, seinem Hund gegenüber, war er jedoch sehr freundlich und empathisch.

Der Hund ging ruhig an der Leine neben ihm, der Halter konnte ihn stoppen, wenn ihm ein Hase vor die Füße lief, und hatte weder mit Menschen noch mit Hunden soziale Konflikte. Der Halter konnte Grenzen setzen, übernahm Verantwortung für sich und den Hund und erkannte instinktiv, was in bestimmten Situationen nötig war. Er brauchte nie einen Hundetrainer um Hilfe bitten und obwohl dieser Hund alles andere als einfach war und wusste was er will, konnte der Halter sehr klar mit ihm kommunizieren und sich abgrenzen. Er interpretierte viele Verhaltensweisen als Phasen in der Entwicklung des Hundes, reagierte angemessen bzw. bewertete das Verhalten nicht über, und meist war schnell alles wieder in Ordnung. Wenn da nicht die Angst des Hundes vor dem Auto gewesen wäre. Es war im Leben des Hundes kein Ereignis zu erkennen, was auf diese Angst hindeutete, es fing halt einfach irgendwann an. Ich sah mir also an, wie die beiden im Alltag miteinander umgingen und ließ mir das Verhalten am Auto zeigen.

Meine Intuition sagte mir schnell, dass hier eine sogenannte systemische Verstrickung existierte, wie man in der Sprache der Aufstellungen sagt. Ich habe dem Hundehalter dann vorgeschlagen, eine Aufstellung zu machen. Er ließ sich darauf ein, wollte er doch seinem Hund helfen. Also stellten wir den Hund und seine Angst auf. Es stellte sich heraus, dass die Schwester des Hundehalters mal einen Autounfall hatte, was er bestätigte. Seine Schwester hat lange an einem posttraumatischen Belastungssyndrom gelitten, was aber inzwischen therapeutisch gelöst sein sollte. Mehr wusste ich bis dahin nicht, dem Halter fiel dann aber auf, dass die Angst vor dem Auto bei dem Hund in etwa in dieser Zeit angefangen hat. Die Frage, die sich hier auch stellte, war, warum der Hund immer noch Probleme hatte, hat doch die Schwester sehr viel an sich gearbeitet. Durch die Aufstellungsarbeit konnte ich spüren, dass im Unterbewusstsein der Schwester noch helle Autos mit dem Trauma verknüpft sind. Wir überlegten also, ob es da auch beim Hund Unterschiede gab. Dem Halter fiel ein, dass sein Hund in seinem hellen Auto massive Probleme hatte, aber wenn er mit dem Auto eines Bekannten mitfuhr, sich kaum Probleme zeigten.

Es würde zu weit führen, zu erläutern, wie genau sich die Verstrickung zum Trauma der Schwester hier lösen ließ, nicht nur, weil die Wege dorthin sehr verschieden sein können. Ergebnis war aber, dass der Hund mit einigen kleinen Tipps für diese Situation nach einigen Tagen keine ängstlichen Reaktionen mehr zeigte. Die Schwester hat nach einem Gespräch mit dem Halter ihren Therapeuten noch einmal aufgesucht und mit ihm weitergearbeitet. Der Halter berichtete nach einigen Wochen, dass auch die Schwester nun keinerlei Probleme mehr beim Autofahren hätte.

Angst vor Hunden

Eine junge Frau hatte sich bei mir gemeldet, weil sie sich einen Hund wünschte. Allerdings berichtete sie, dass sie seit vielen Jahren Angst vor bellenden Hunden hat. Ihre Angst generalisierte sich zunehmend. Sie musste sogar die Straßenseite wechseln, wenn sie einen Hund sah und nahm an Treffen mit Freunden, die einen Hund hatten, nicht mehr teil. Gemeinsam stellten wir ihre Angst, sie selbst und die mögliche Ursache dafür auf. Es deckte sich auf, dass sie als kleines Kind mit einem Hund ihres Nachbarn in einem Raum alleine gewesen ist und dieser dabei laut und anhaltend bellte. Sie empfand damals panische Angst, die im Unterbewusstsein gespeichert blieb. Unbewusst wirkte diese Angst dort weiter und übertrug sich auf andere Lebensumstände. Ich konnte in den Positionen dieser Aufstellung deutlich spüren, dass sie unsicher ist, wenn sie sich allgemein alleine in Räumen aufhielt. Sie bestätigte dieses Gefühl, hatte sich jedoch nie getraut, jemandem davon zu erzählen, weil sie keine Erklärung dafür hatte. Nach dieser Aufstellung erzählte sie ihrer Mutter davon. Diese konnte sich erinnern, dass sie ihre Tochter damals völlig aufgelöst beim Nachbarn abgeholt hatte. Auch der Mutter war nicht bewusst, dass die damalige Situation der Anlass für die Ängste ihrer Tochter war. Die Tochter hatte diese Situation völlig ins Unterbewusstsein verdrängt. In unseren Gruppentreffen mit Hunden hat sie danach gelernt, sensibel für die Körpersprache von Hunden zu werden. Inzwischen reagiert sie völlig gelassen und neutral auf Hunde. Die Angst, alleine zu sein, ist nicht mehr da. Mittlerweile freut sie sich auf ihren ersten eigenen Hund.

Entscheidungen treffen können

Eine Hundehalterin bat mich um Hilfe, weil ihr Hund sie und ihren Sohn verletzte. Der Rüde sprang und bellte alles an, schnappte, zog und zerrte nur den ganzen Tag. Ging das mal nicht, zeigte er stereotypes Verhalten, drehte sich im Kreis und jagte seine Rute und fixierte auch Punkte auf dem Boden. Der Hund hatte nie gelernt, Dinge nicht zu tun, hatte ständig Frust, weil irgendwann ja mal eine natürliche Grenze kommt. Bei Welpen ist es noch leider für den ein oder anderen süß, wenn sie zwicken, aber wenn das später zum Problem wird, ist es auch Frust für den Hund, das (oder andere Dinge) nicht mehr tun zu dürfen.
Die Halterin versicherte mir, alles zu tun, was nötig ist, zwei Trainer waren schon ratlos und hatten aufgegeben. Beim ersten Training bei uns ließ sich feststellen, dass sich der Hund durch kleine Maßnahmen beruhigte und loslassen konnte. Kein Springen und Schnappen mehr,

kein stereotypes Verhalten. Der Rüde war nach Aussagen der Halterin vorher noch nie so entspannt. Aber als ich nach einigen Tagen telefonisch nachfragte, merkte ich schnell, dass die Dinge, die wir besprochen hatten, nicht umgesetzt worden sind. Im Gespräch hörte ich immer wieder ein Aber: Was hatte man nicht Schlimmes erlebt mit diesem Hund und war doch der Vorgängerhund ganz anders. Die Halterin schien nicht loslassen zu können und irgendwas stand wichtigen Entscheidungen im Weg. Die Erklärungen, die ich ihr geben konnte, waren für sie alle verständlich und sinnvoll, da schien also nicht das Problem zu sein.
Ich schlug ihr beim nächsten Treffen ein Experiment vor. Denn es gab ja offensichtlich Gründe, warum schon zwei Trainer ratlos aufgegeben hatten und sie irgendwie innerlich die Veränderungen nicht umsetzen konnte. Ich folgte einem Impuls, eine verdeckte Aufstellung zu machen.

Ich schrieb auf ein Blatt die Sätze:

1. „Der Hund verändert sich. Er fügt sich in die Familie ein. Alle werden ein Team."

Auf ein anderes Blatt schrieb ich:

2. „Der Hund bleibt auffällig, wie er ist."

Ich bat sie die Blätter verdeckt auf dem Boden zu legen. Keiner von uns beiden wusste auf welchem Blatt was genau stand ich habe sie gemischt und mit der Schrift nach unten weiter gegeben, so lagen sie auch auf dem Boden. Sie stellte sich nacheinander auf die Blätter und befand sich im Quantenfeld der Ereignisse, die jeweils mit unterschiedlichen Emotionen verknüpft waren. Auf einem Blatt musste sie nach einer Weile weinen, sie fühlte sich hilflos, klein und einsam. Auf dem anderen Blatt fühlte sie sich befreit von diesen Emotionen, so als wenn es eine Hilfe wäre. Was meinen sie auf welchem Blatt sie welche Gefühle hatte? Lassen sie sich bitte einen Moment Zeit.

Ich habe diese verdeckte Aufstellung gemacht, weil ich einem Impuls gefolgt bin. Nun, ich war nicht überrascht, dass das Blatt mit der Information: Der Hund bleibt, wie er ist, sie eher erleichterte und ihr ein Gefühl gab, als wenn es von etwas ablenkte. Genau das hat der Hund gefühlt. Wir kamen im Verlauf des Termins an die Gründe, teilweise im Gespräch, teilweise mit Hilfe einer kleinen Aufstellung. Es zeigte sich, dass sich der Hund unauffällig in die Familie einfügen würde, wenn sich ihr erwachsener Sohn mehr außerhalb der Familie orientieren würde, er sein eigenes Leben in die Hand nehmen würde und sich aus der engen Verbindung zur Mutter Stück für Stück lösen würde.

Natürlich hat die Halterin nicht bewusst entschieden, mit den Auffälligkeiten des Hundes den Sohn an sich zu binden – denn hier geht es nicht um Schuld. Innerlich hat der Hund das aber gespürt und einen Job für die Halterin gemacht. Die Halterin konnte zu 100 Prozent die Gründe, die sich aufdeckten anerkennen und die Informationen aus den Aufstellungen für sich nutzen.

Hier war die Aufgabe, die Verantwortung voll für den Hund alleine zu übernehmen um dem Sohn nicht das Gefühl einer vollen Mit-Verantwortung zu geben. Sie sprach mit ihm darüber und seine Reaktionen waren eindeutig, er gab zu, überfordert gewesen zu sein und eher anderes machen wollte. Hier war also die Aufgabe, den Dingen ihren Lauf zu lassen und loszulassen. Dieses Wissen und eine entsprechende innere Haltung, kann dann auch das Training mit dem Hund sehr fruchtbar werden lassen, da Dinge nun umgesetzt und verändert werden können, was vorher aus inneren Gründen heraus blockiert wurde. Die Gründe sind oftmals sehr menschlich und völlig verständlich und eine Wertung oder Bewertung erscheint hier unangemessen und wenig nützlich. Es ist nicht immer leicht, die wirklichen Gründe anzusehen und auch auszuhalten, aber es ist notwendig, will man dem Hund helfen, der ja auf diese Prozesse reagiert, Veränderungen zu ermöglichen. Viele Halter sind sehr offen und gehen ihre Themen bewusst an, wenn auch der Anlass oft der Hund ist. Und darin sind sie wunderbar, diese Wesen die uns oft unser Innerstes spiegeln.

Fixierung und soziales Verhalten

Eine Hundehalterin mit zwei Hunden bat um Hilfe für ihre Hunde. Einer der beiden war auffällig im sozialen Bereich, diese Hündin (A) vermied Kontakte zu anderen Hunden, und biss auch schon einmal zu. Bei meinem Besuch fütterte die Halterin gerade die beiden Hunde und es fiel auf, das die Hündin unglaublich schnell fraß, so schnell, dass die zweite Hündin der Kundin (B) sich nur in Anwesenheit der Halterin traute, zu fressen. Der Halterin selbst ist das nie aufgefallen. Ich wies darauf hin, dass Hündin A auch meine eigene Hündin auf Abstand hielt, weil sie zu nah am Futter war. Währenddessen wir ein Stück Kuchen aßen, fiel mir auf, dass die Halterin selbst sehr auffällig ihren Kuchen verschlang. Ein intensives Gespräch bewirkte, dass die Hundehalterin bewusster und langsamer aß, was sofort auch eine Veränderung bei der Fütterung der Hunde bewirkte. Sie konnte es seither gut selbst wahrnehmen, aber nicht nachhaltig bei sich ändern.
Das ließ die Frage aufkommen, warum sie das tat, und der Hund spiegelte das sofort wieder. In einem Gespräch wurde ihr klar, in was für einer innerlich angespannten Lage sie war. So stand sie gerade vor großen Veränderungen in ihrem Leben und überlegte, sich beruflich umzuorientieren. In einem weiteren intensiven systemischen Gespräch konnte die Fixierung und damit die Beschränkung auf eine bestimmte Firma als möglichen neuen Arbeitgeber wahrgenommen werden.

Die Hündin spiegelte die Fixierung der Halterin über ihr unangemessenes Fressverhalten, doch auch in der Spiegelung wäre es nur Symptombehandlung, einfach nur langsamer zu essen. Auf jeden Fall hatte unser Gespräch ihren Blickwinkel in Bezug auf den bevorstehenden Berufswechsel völlig verändert und sie begann, sich nun auch anderen Möglichkeiten zu öffnen. Das hatte zur Folge, dass auch Hündin A ihr Verhalten änderte, sie entspannte sich beim Fressen, maßregelte niemanden mehr und begann sogar beim Spaziergang mit einem anderen Hund, mit dem sie bisher in Konflikt stand, zu spielen. Die Halterin fand dann einen ganz anderen Job, in dem sie heute sehr glücklich ist. Durch den veränderten Blickwinkel konnten sich letzlich alle Beteiligten entspannen, so wirkt die Halterin deutlich fitter und ist nicht mehr so müde, kosten doch insbesondere innere Anspannung und Fixierung körperlich viel Kraft und Energie.

Histamin-Intoleranz (HIT)

Eine Hundehalterin bat mich um Hilfe, weil ihr Hund einige auffällige Verhaltensweisen zeigte. Bei der gemeinsamen Arbeit stellten sich Zusammenhänge heraus, die die Kundin hier selbst beschreibt: „Seit mehr als vier Jahren leide ich unter Histamin-Intoleranz (HIT), das heißt dass ich viele Nahrungsmittel nicht mehr vertrage. Mein Körper reagiert darauf mit Herzrasen, Schwindel, Brennen im Kopf usw. und da dies anfangs noch unbekannt war, landete ich deswegen nur allzu oft in der Klinik. Irgendwann hat man dann HIT diagnostiziert und mir diverse Medikamente verschrieben. Jedoch waren meine Reaktionen nie weg oder großartig besser geworden, vieles konnte ich einfach nicht ohne die entsprechenden Reaktionen meines Körpers essen. In dieser Phase zog ich mich immer mehr von allem zurück, ging kaum noch raus und unter Leute. Die Reaktionen meiner

Umwelt wurden zunehmend anstrengender und ich hatte oft das Gefühl, dass meine Erkrankung bei meinen Mitmenschen auf absolutes Unverständnis stieß. Wie oft hörte ich die Worte: ‚Stell dich doch nicht so an, das wird dich schon nicht umbringen', ‚Du willst doch immer nur im Mittelpunkt stehen', ‚Das machst du doch mit Absicht' usw. Damit kam ich nur sehr schwer klar und verzog mich komplett in mein Schneckenhaus, hatte immer wieder Ausreden, um nicht rausgehen zu müssen. Irgendwann stellte sich der Wunsch nach einem Hund ein, würde er mich doch dazu bewegen, wieder mehr vor die Tür zu gehen. Einige Monate später zog dann unsere Hündin ein, in der Hoffnung, dass es nur besser werden kann.

Doch das Zusammenleben mit unserer Hündin gestaltete sich alles andere als einfach. Sie zog heftig an der Leine und bellte schon aus der Ferne andere Hunde massiv an. Ich kam nun zwar raus, aber Spaß machten diese Spaziergänge nicht. In der Hundeschule von Silvia Hüllenkremer angekommen, war es über ein gezieltes Training relativ schnell möglich, dass sich einige Dinge schnell entspannten. Aber das sollte nur der Anfang sein. So reagierte meine Hündin auch schon immer auf meine Histaminanfälle. Wenn sie spürte, dass mein Körper reagierte, sprang sie vor mir weg, schaute mich entsetzt an und verkroch sich in Ihre Box und zeigte mir damit an, dass ich Medikamente benötigte. Mit der Zeit begann ich auch, bei Silvia einige Aufstellungen zu machen. Dabei ging es nur allzu oft um mein Leben, das nun endlich gelebt werden will. Interessant war dabei zu sehen, dass sich die HIT wie auf einem Beobachtungsposten zeigte, sozusagen als Spiegel, wenn ich gerade wieder auf dem Weg in mein Schneckenhaus war. Heute ist mir das sehr bewusst und ich kann diese Information als eine Hilfe annehmen.

Inzwischen habe ich mir auch eine Reitbeteiligung gesucht und mich im Fitnessstudio angemeldet, war sogar auf einer Karnevalsveranstaltung. Zu meiner Verwunde-

rung konnte ich feststellen, dass ich inzwischen wieder fast alles essen kann. Das ist unglaublich!
Als ich mich mal wieder für ein paar Tage zurückzog, hatte ich sogleich einen kleinen Anfall, der mir den Zusammenhang nochmal sehr deutlich vor Augen führte, ein kleines Wachrütteln. Danke für die Information, sie ist angekommen. Inzwischen bin ich sehr viel selbstbewusster und offener geworden, so wie sich auch meine Hündin entspannen konnte und so machen mir Spaziergänge heute sehr viel Spaß."

Hyperaktivität / Stress / Gedächtnisleistung

Ein Hundehalter kam mit seinem sehr jungen Hund in unsere Gruppen. Zunächst war auffällig, dass der Hund bei jeder Freiheit völlig überdrehte. Dies unterstützte der Halter, indem er selbst bei Vorschlägen, dem Hund Ruhe zu vermitteln (zum Beispiel in der Box) mit einem „Ja-Aber" reagierte. Einmal Gelerntes wurde vor lauter Aktivität vom Hund „vergessen" und es war, als ob das Gehirn nichts mehr speichern konnte. Der Halter war äußerlich zwar ruhig, nahm aber immer mehr wahr, wie aufgewühlt er innerlich war. Er erzählte, dass er schon immer Probleme damit hatte, sich Dinge und Abläufe zu merken: So vergaß er oft die Inhalte von Unterhaltungen. Ich riet dem Halter, einen Neurologen aufzusuchen, um zu sehen, ob über bildgebende Verfahren eine Ursache zu erkennen war. Ein MRT brachte aber keinen Befund, und der Arzt war der Meinung, dass die Ursache seelisch bedingt sei. Es folgten einige Aufstellungen, die Stück für Stück sein Gefühl zu vielen persönlichen Dingen wieder zurückbrachte. Er entspannte sich innerlich immer mehr und so auch sein Hund. Eine Aufstellung deckte ein Trauma auf. In der Aufstellung „erinnerte" sich der Stellvertreter an einen Autounfall, den er als Kind gehabt hatte. Durch die Umstände, die er als Kind eben noch kindlich empfunden hatte, konnte er nun im

Erwachsenenalter die Szene anders beurteilen. Es war für ihn wie eine Erlösung und dies wirkte sich auf viele Themen im Leben des Halters und auf Themen des Hundes aus.

Der Halter nimmt seitdem seine Umwelt bewusster wahr und kann sich deshalb besser an Zusammenhänge wie beispielweise Inhalte von Unterhaltungen erinnern. Der Hund konnte nun endlich „zuhören" und hatte so erst einmal die Chance, wirklich zu lernen. Heute ist der Hund mit ca. 1,5 Jahren in der Lage, auch ohne Leine ruhig mit dem Halter spazieren zu gehen. Er überdreht auch nicht mehr so, wenn er andere Hunde sieht. Er ruht mehr in sich und braucht auch zu Hause nicht mehr in die Box. Die Familie ist zusammengewachsen und nimmt viele Dinge bewusster und ruhiger wahr.

Nähe und Distanz

Eine Kundin unserer Hundeschule schreibt mit ihren Worten über die Erfahrungen ihrer Veränderungen: „Meine Entwicklung begann, als ich mehr und mehr merkte, dass mein Hündin meine Nähe ablehnte. Wollte ich mich zum Beispiel zu ihr auf die Couch setzen, sprang sie herunter. Ich kam ins Bett, sie ging weg. Auch ließ sie sich nur widerwillig einige Minuten streicheln und wollte schnell weg von mir. Dann habe ich das erste Buch von Silvia Hüllenkremer gelesen und rief sie an. Ich verbrachte zwei Intensivtage bei ihr. Im Training zeigte mein Hund, dass die Bindung instabil war und mir brach es fast das Herz. Silvia fand es nicht massiv auffällig, aber ich konnte kaum noch denken. Nach einer Nacht und einer klaren Entscheidung, die Gründe bei mir selbst herauszufinden, machten wir eine Aufstellung. Ich hatte keine Ahnung, was auf mich zukam, dazu war ich innerlich noch zu aufgewühlt. Silvia führte mich mit viel Geduld, klaren Ansagen und Verständnis durch diese Erfahrung. Es stellte sich in der Aufstellung so dar:

Der Tod meiner Schwester war durch die besonderen Umstände, die mich innerlich sehr belasteten, für meinen Hund spürbar und sie fühlte sich unwohl in meiner Nähe. Scheinbar hatte ich noch nicht losgelassen, auch wenn sie nicht mehr lebte. Silvia wusste nichts über diese Zusammenhänge, konnte aber Dinge auf den Plätzen fühlen, die mich aufmerksam machten. Silvia sagte mir, es ist völlig normal, das zu fühlen und das es dafür keiner Information bedarf. Nun ja, ich glaube, sie hat wohl eine ganz besondere Gabe. Wir fanden also eine Möglichkeit, mit Hilfe dieser Aufstellung viele Gefühle auszugleichen und zu entspannen. Mir war aber nun überhaupt nicht klar, dass das alles etwas verändern sollte, was soll das mit dem Hund zu tun haben? Ich merkte erst viel später, dass es mir selbst sehr viel besser ging, weil ich nach wie vor auf den Hund konzentriert war, der kaum Veränderungen zeigte. Silvia gab mir Informationen zum Thema Bindung, bezogen auf mögliche Spiegelungen und wir blieben in Kontakt. Nach vier Wochen intensiver Auseinandersetzung fing ich an, am Verhalten meines Hundes ihren Charakter und ihr Verhalten auf diesen genannten Konflikt zu unterscheiden. Ich ließ los, jeden Tag ein wenig mehr. Mein Hund konnte damit auch täglich ein wenig mehr auf mich zukommen. Ich beschäftige mich seitdem intensiv mit vielen Themen, die mir früher völlig unbekannt waren. Heute sind wir beide ruhiger, unsere Hyperaktivität ist einer inneren Ruhe gewichen. Die Nähe zwischen uns wird immer stabiler und ungezwungener. Auch wenn es nicht ganz so einfach war, die neue Lebensqualität ist wunderbar für uns beide und unser Umfeld."

Psychosomatische Erkrankung des Hundes

Eine Halterin aus dem Training klagte, dass ihr Hund plötzlich nicht mehr laufen wollte. Eine Untersuchung beim Tierarzt brachte auch mit Cortison keine Veränderung. Die Tierärzte konnten keine körperlichen Ursachen feststellen. Der Hund musste fortan in den Garten getragen werden, und nahm nicht mehr am Leben teil. Die Halterin rief an und wollte wissen, ob es einen systemischen Grund dafür geben könnte. In der Aufstellung, die wir mit Hilfe von einigen Stellvertretern machen konnten, zeigte sich, dass die Halterin einer bestimmten wichtigen inneren Entscheidung ausgewichen ist. Der Hund spiegelte das, indem er sich weigerte zu laufen: Die Halterin selbst tat dies schließlich auch, sie wollte sich an dieser Stelle in ihrem Leben nicht bewegen. In der Aufstellung konnte sie aber die Erfahrung machen, dass sie sich besser fühlte, wenn sie auf die Entscheidung und die Ursache zuging. Die Aufstellung gab ihr den Mut, sich einer Entscheidung zu stellen und einen neuen Weg zu beschreiten. Der Partner der Halterin war mit dem Hund während der Aufstellung Zuhause, und er bestätigte später, dass der Hund genau in diesem Moment, als die Halterin diese Entscheidung traf, sofort selbst in den Garten ging. Er beschrieb es, als habe sich ein Schleier von den Augen des Hundes gelöst. Einige Tage später konnten die Kinder im Garten wieder mit dem Hund Übungen machen. Seitdem ist der Hund bewegungsfreudig, wie er es sonst immer war. Selbst der Tierarzt hatte dafür keine Erklärung. Durch diese Erfahrung kann die Halterin heute viel einfacher Entscheidungen auch im Sinne der Familie treffen.

Soziales Verhalten

Ein Hundehalter bat mich um Hilfe, weil seine Hündin, ohne die Körpersprache und Ausstrahlung der anderen Hunde zu beachten, immer wieder nach vorne ging und pöbelte, insbesondere auch an der Leine. Im Freilauf kam es bis dann auch immer wieder zu Beißereien, was die Freiheit der Halter und Hunde natürlich massiv einschränkte. Einige Trainer empfahlen der Familie, die

Hündin abzugeben. Ein Aufgeben kam für die Familie aber nicht in Frage. Auch bei uns änderte sich, trotz vieler Trainingsmaßnahmen, das Verhalten der Hündin anderen Hunden gegenüber nur bedingt, auch war ein stets kompetentes und vorausschauendes Handeln des Halters vonnöten. Dass dies nicht immer einfach ist, können wohl viele nachvollziehen. In einer systemischen Tieraufstellung stellte sich dann heraus, dass die Hündin in den ersten Wochen kein angemessenes soziales Verhalten erlernen konnte. Innerhalb der feinstofflichen Kommunikation dieser Aufstellung konnten wichtige Informationen des sozialen Verhaltens vermittelt werden. Das stärkte natürlich auch die Führungskraft des Halters, wodurch ein gezieltes Training in einigen Bereichen erst möglich war. Die Hündin zeigte sich nach der Aufstellung zuerst abwartender in Begegnungen, was für die Halter schon sehr entlastend war. Es sah so aus, als wenn sie nun bewusst beobachtete, was der andere Hund für Absichten hatte. In dem Modus war es auch für sie leicht möglich, mit der Führung des Halters soziale angemessene Verhaltensweisen zu erlernen. Heute ist diese Hündin völlig angemessen und sozial selbstsicher in ihrem Verhalten. Und es ist Gelassenheit und Vertrauen zwischen Hund und Halter entstanden. Auch hier haben mehrere Faktoren zusammengewirkt. Der Halter konnte für sich selbst Spiegelthemen erkennen und nun für sich selbst Strategien im sozialen Umfeld lernen, anderen Menschen offener gegenüberzutreten. Diese Themen ging er nach und nach in systemischen Aufstellungen auf dem Grund.

Ausgleich in Herz und Gehirn durch Quantenheilung

Durch das ganzheitliche Hundetraining wurde einer Hundehalterin mehr und mehr bewusst, dass sie in einigen Situationen im Leben wie auch im Umgang mit dem

Hund handlungsunfähig ist. Sie beschrieb ein Gefühl von Ohnmacht und Opferhaltung. Im Grunde genommen hatte sie eine gute Einstellung und Bindung zu ihrem Hund und es gab keinen offensichtlichen Grund für ihre Reaktion in einigen Situationen. Durch Gespräche und die Anwesenheit bei Gruppenaufstellungen nahm sie immer mehr wahr, dass ihr Gefühl und ihr rationeller Verstand nicht gut zusammenarbeiteten. Sie beschrieb es als Chaos im Kopf. Als sie sich zunehmend öffnete, lernte sie viel über ihre emotionale und ihre rationale Einschätzung ihrer persönlichen Lebensumstände und die Spiegelgesetze der Natur.

Dann erlitt sie einen Autounfall, bei dem auf auffällige Art und Weise nur die rechte Seite an ihrem Auto beschädigt war. Sie hatte durch den Unfall nur an ihrer rechten Körperseite Schmerzen. Sie bekam zum ersten Mal eine Augenentzündung – aber nur am rechten Auge. Einfach ausgedrückt ist unsere linke Gehirnhälfte für alles zuständig, was wir mit Denkprozessen in Verbindung bringen, also kognitive Prozesse. Die rechte Gehirnhälfte steuert größtenteils unsere Intuition und Kreativität.

Sie fragte nach einer Matrix-Anwendung und ich erklärte ihr die Möglichkeit eines Ungleichgewichtes in ihrem Gehirn. Hier ging es nicht um die körperlichen Symptome, die sicherlich eine ärztliche Betreuung mit Matrix-Anwendungen unterstützen kann. Im 4. Teil haben Sie einiges zum Thema Kohärenz lesen können, die hier beschriebene Anwendung hatte zum Ziel, diesen in Ungleich gekommenen Zustand wieder auszugleichen. Die Anwendung dauerte einige Minuten und sie weinte ruhig, fühlte sich aber gut dabei. In den nächsten Tagen telefonierten wir noch einmal und ich riet ihr unter anderem, sich mit der Familie und Freunden zu unterhalten und schöne Unternehmungen zu machen. Wie sie sich drei Wochen danach gefühlt hat, beschreibt sie selbst so: „Ein bis zwei Tage lang erinnerten mich alte Bilder aus meinem Leben an viele Emotionen, die ein wenig Krieg mit meinem rationalen Verstand führten. Ich konnte fühlen, es war Zeit für eine Wandlung, aber es war schwer, alte Muster und Gefühle loszulassen. Meine Entscheidung stand aber fest: ich wollte loslassen. Nach zwei Tagen kam ein Gefühl, als wenn sich beides zusammenfügt. Beides war da. Dann entstand ein Gefühl von Gleichgewicht. Ich fühlte mich authentisch und zentriert. Ein Zustand in dem mich mein Umfeld ernst nimmt. Ich bin nun präsent und kann Dinge lassen, wie sie sind. Ich ziehe mir nicht mehr jeden Schuh an. Ich lebe im Hier und Jetzt, und ich bin wacher. Die schmerzhafte Sehnsucht, die ich fühlte wenn ich an meine Zukunft dachte, ist heute voller Vertrauen. Zorn und Angst der Vergangenheit fühlen sich jetzt annehmend an. Ich kann mich auf der Arbeit hilfsbedürftigen Menschen gegenüber besser abgrenzen und ehrlich emphatisch sein. Ich kann zum ersten Mal in acht Jahren in meinem Beruf klar meine Meinung sagen, ohne in dem Gefühl steckenzubleiben. Ich kann strukturierter helfen und trotzdem die Probleme anderer bei den anderen lassen. Meinem Hund gegenüber kann ich klar handeln. Dadurch merke ich jetzt erst, wie belastend die fehlende Klarheit für meinen Hund war. Wir sind ein super Team geworden."

Epilog

Für dieses Buch schließt sich an der Stelle der Kreis an Forschung und Wissenschaft, die sich aktuell mit altem Wissen verbindet. Es ist unglaublich spannend, wie viele Informationen sich gerade für uns alle zu genialen Möglichkeiten verbinden. Es zeigt in dieser Zeit, wie vieles in unserem Leben eben nicht mit ausschließlich „einfachem" Lernen zu managen ist. Wir lernen alle in sozialen Systemen, und diese sozialen Lernerfahrungen werden in unsere Zellen und genetische Programme gespeichert. Sie sind entscheidend für Erfolg und Glück in unserem Leben. Was wir erfahren und lernen, bestimmt über soziale und emotionale Kompetenz bzw. Intelligenz.
Alle bisherigen Paradigmen sagen aus verschiedenen Blickwinkeln betrachtet ein und dasselbe: Es sind unsere emotionalen Erfahrungen, die geheilt werden wollen, weil sie uns feinstofflich oder grobstofflich belasten; also in der Emotion und in Form von Krankheiten oder in Ereignissen, die wir immer wieder anziehen.
Spiegelungen sind biologisch (Herzfrequenz und Schwingung), neurobiologisch (Spiegelneuronen) oder energetisch (hermetische Gesetze der Natur), quantenphysisch (Gesetz der Anziehung) oder psychologisch mit dem Begriff der Projektion zu erklären.
Spiegelungen und systemische gegenseitige Rektionen gibt es überall, sowohl in allen kleinen als auch in großen Systemen. Sie sind Anzeichen kollektiver Gedächtnisse. Wenn jeder Mensch einen kleinen Teil dazu beiträgt, dass es ihm gut geht, wirkt sich das auch auf unser Umfeld aus – zu dem auch unsere Tiere gehören. Die Kette der Veränderungen hat ein weiteres Glied an dem andere anknüpfen werden.
Der bekannte Schriftsteller Antoine de Saint-Exupéry hat einmal gesagt: „Die Erfahrung lehrt uns, dass Liebe nicht darin besteht, dass man einander ansieht, sondern dass man gemeinsam in gleicher Richtung blickt." Es ist ein anderes inneres Gefühl, auch bezogen auf das Zu-

sammenleben mit unseren Tieren, die oft vieles für uns tragen weil es eine tiefere Verbindung gibt. Wenn mehr Menschen sich wieder auf ihre Gefühle oder ihre Intuition einlassen können (nicht nur zu denken, das man fühlt, sondern wirklich fühlt), dann können wir mehr und mehr lernen, ausgeglichen und gesund zu leben. Und können soziale Kommunikation wieder stärker für uns nutzen lernen – ebenso mit unseren Hunden.
Jede Begegnung beinhaltet Informationen für uns alle, es vermag den einen Menschen unglaublich weiter bringen, ein anderer geht damit in „negative" Resonanz; also er geht in die Ablehnung, in Abwehr. Selbst diese Form der ablehnenden Reaktion auf Resonanz könnte mit dem Wissen über die Paradigmen dieser Zeit die Frage aufkommen lassen: „Was habe ich selbst damit zu tun, und warum „tickt" es mich so an, um Veränderungen für sich selbst bewirken zu können. Hunde orientieren sich an Menschen, die ausgeglichen sind und Verantwortung übernehmen, an Menschen die eine gute Resilienz haben.
Aufgrund meiner Erfahrungen und Beobachtungen bin ich überzeugt davon, dass Menschen und Hunde schon entspannter sind, wenn sie innerlich beschließen, einen entscheidenden Schritt nach vorne zu machen, um die Sorgen und Nöte in ihrem Leben in die Hand zu nehmen.
Mein Beginn des Weges zu diesen Sichtweisen nahm den Anfang als unsere Hündin mir meine Themen zeigte, und dafür bin ich ihr von Herzen dankbar. Durch sie gebe ich heute mein Wissen an andere Menschen weiter, die ich manchmal länger, manchmal ein kleines Stück begleite. Ich bin froh, dass ich gemeinsam mit diesen Menschen lernen darf.
Unsere Wege sind in alle Richtungen möglich, es ist nur entscheidend, wohin unser Blick geht, worauf wir unseren Fokus legen. Auf Möglichkeiten oder auf Probleme, das ist der entscheidende Unterschied für den Beginn von Veränderung.

Es ist keine Frage von Schuld oder „falsch-richtig", das Leben ist ein spannender Prozess, wenn wir uns selbst lieben können. Ein Mensch, der wirklich weiß, was er braucht, um glücklich zu sein, der kann entspannen und strahlt Freude und Begeisterung aus. Diese Frequenz nimmt das Umfeld auf und überträgt sich, das zeigt schon unser Herz messbar an.
Jedes Lebewesen hat so unglaublich viel Potential in sich. Ihr Hund ist nicht zufällig bei ihnen, er zeigt ihnen liebevoll den Weg zu ihrem Potential.

Danksagung

„Möge die Straße dir entgegen kommen, der Wind dir den Rücken stärken und die Sonne dein Gesicht erwärmen."
Irischer Segenswunsch

Es gibt so viele Menschen, denen ich sehr dankbar bin, in vielerlei Hinsicht. Für die Entstehung dieses Buches möchte ich aber einige Menschen an dieser Stelle erwähnen:
Alexander Schug, dem Verlagsinhaber von FRED & OTTO, der das Buch mit Hilfe seiner Mitarbeiter auf den Weg gebracht und mich unterstützt und betreut hat. Berenike Schaak, die meine typisch verschachtelten Sätze und mein Chaos in den Texten mit Impulsen und Ideen wieder ins Gleichgewicht gebracht hat.
Meinen Ehemann Thomas, der mich auch bei diesem Buch mit voller Kraft unterstützt hat. Er hat mit in vielerlei Hinsicht den Rücken frei gehalten und folgt meiner Entwicklung und meiner Überzeugung. Ohne ihn hätten viele Projekte nicht entstehen können.
Unsere wunderbaren Hunde, die uns immer wieder in Liebe zeigen, wenn wir etwas selbst nicht erkennen können. Sie lehren uns täglich Geduld, Klarheit und Gelassenheit. Besonders dankbar sind wir unserem verstorbenen Hund Aramis, der so offen und zugewandt von uns gegangen ist. Gute Reise lieber Aramis, wir haben viel von dir lernen dürfen.
Unser Team und ich danken den vielen Menschen für ihre Offenheit und ihr Vertrauen, sich auf den Weg zu machen, um für sich und ihre Tiere neue Wege zu beschreiten. Die Lebensgeschichten und Entwicklungen an denen wir teilhaben dürfen, haben uns oft tief berührt und uns vieles gelehrt. Unser Team bleibt direkt, offen, ehrlich und in Bewegung. Wir geben weiterhin unsere Begeisterung und unser Wissen für Menschen und ihre Tiere um einen Teil beitragen zu können, andere Blickwinkel einzunehmen. Für dieses Buch bedanke ich mich

für die Anregungen und die Offenheit, einige Anwendungen für die Leser veröffentlichen zu dürfen.

Vielen lieben Dank an Sandra Walschek für den regen Austausch und viele Anregungen für dieses Buch. Die Themen dieses Buches stellen sich sehr ähnlich bei Menschen und ihren Pferden dar. Auf der Seite www.menschmitpferd.de erzählt sie als freie Journalistin und Coach von ihrer persönlichen Entwicklung im Zusammenleben mit ihrem Hund und ihren eigenen Pferden. Außerdem berichtet sie über ihre Coachings und Seminare, die für Menschen mit Hilfe von Hunden und Pferden Antworten auf viele Fragen finden.

Ganz besonders bedanken möchte ich mich bei Freerke de Buhr, die mir in so vielerlei Hinsicht eine gute Hilfe für dieses Buch war. Ihre moralische Unterstützung, viel Kaffee und viele Ideen und Impulse sind ihr zu verdanken. Inzwischen ist sie in unserer ganzheitlichen Hundeschule eine wertvolle Unterstützung für die Menschen und ihre Hunde.

Ich danke auch der Tierphysio- und Fellpflegepraxis Tierisch Vital und Tierisch Gepflegt aus Erkelenz. Vielen Dank an Lisa Keller und Melanie Cohnen für die Unterstützung und viele Anregungen.

Vielen Dank auch an Frank Thelen aus Erkelenz für die schönen Portraitbilder von mir und unseren Hunden (www.fotothelen.de).

Anhang

Anmerkungen

[1] Erik Zimen: Der Hund: Abstammung, Verhalten, Mensch und Hund, Goldman Verlag, 1992, S. 438.

[2] Vgl. http://www.welt.de/wissenschaft/article13799857/Hunde-koennen-unsere-Absichten-an-den-Augen-ablesen.html, Zugriff am: 17.2.2015.

[3] Gerald Hüter: Etwas mehr Hirn bitte, V & RVerlag; 2015, S. 125.

[4] James O´Heare: Das Aggressionsverhalten des Hundes, Animal Learn Verlag, 2003, S. 136.

[5] Thomas Baumann: … damit wir uns verstehen – Die Erziehung des Familienhundes, Baumann-Mühle-Verlag, 2010, S. 154.

[6] Vgl.: http://www.zitate-web.de/autor/charlie-chaplin, Zugriff am: 3.3.2015.

[7] Partner Hund, Ein Herz für Tiere Media GmbH, Ausgabe Mai 2015, S. 29.

[8] Michael Winterhoff: Lasst Kinder wieder Kinder sein! Oder: Die Rückkehr zur Intuition, Goldmann Verlag, 2013, S. 13.

[9] Dorit Feddersen-Petersen: Ausdrucksverhalten beim Hund, Kosmos Verlag; Oktober 2008, S. 14.

[10] Dorit Feddersen-Petersen: Ausdrucksverhalten beim Hund, Kosmos Verlag, Oktober 2008, S. 16.

[11] Dorit Feddersen-Petersen: Hundepsychologie, Kosmos Verlag, 2013, S. 298.

[12] Uwe Borchert, Sophie Strotdbeck:Hilfe mein Hund ist in der Pubertät, GU Verlag, 2013, S. 19.

[13] Maria Hense: Der hyperaktive Hund, animal learn Verlag, 2010, S. 33.

[14] Vgl.: http://www.wissenschaft.de/leben-umwelt/hirn forschung/-/journal_content/56/12054/2933177/Stress-ver%C3%A4ndert-Hirnsubstanz/, Zugriff am: 22.1.2015.

[15] James O´Heare: Das Aggressionsverhalten des Hundes: Ein Arbeitsbuch, animal learn Verlag, 2003, S. 47.

[16] James O´Heare: Das Aggressionsverhalten des Hundes: Ein Arbeitsbuch, animal learn Verlag, 2003, S. 17.

[17] Vgl.: www.aphorismen.de/zitat/77358, Zugriff am: 18.3.2015.

[18] Eric H. Aldington: Von der Seele des Hundes, Gollwitzer Verlag, 1986, S. 65.

[19] Mehr Informationen zur Arbeit mit Menschen und Tieren finden Sie auf der Webseite der Klinik: www.heiligenfeld.de.

[20] Günther Bloch, Elli H. Radinger: Wölfisch für Hundehalter, Kosmos Verlag, 2010, S. 35.

[21] Richard Rohr und Andreas Ebert: Das Enneagramm. Die neun Gesichter der Seele, Claudius Verlag; 2013, S. 19.

[22] Veit Lindau: Heirate dich selbst, Kailash Verlag, 2013, S. 132.

[23] Internationale statistische Klassifikation der Krankheiten und verwandter Gesundheitsprobleme, wichtigste, weltweit anerkannte Diagnoseklassifikationssystem der Medizin.

[24] H. Dilling und H. J. Freyberger (Hrsg.): ICD 10, Klassifikaton

psychischer Störungen. Huber Verlag, 2014, S. 255.

[25] Vgl.: http://blogs.faz.net/tierleben/2015/03/17/der-missverstandene-hund-681/, Zugriff am: 6.2.2015.

[26] Joachim Bauer: Das Gedächtnis des Körpers, Piper Verlag, 2004, S. 37.

[27] James O´Heare: Die Neuropsychologie des Hundes, Animal Learn Verlag, 2009, S. 33.

[28] Antonio R. Damasio: Der Spinoza-Effekt, List Taschenbuch, 2004 S. 16.

[29] Arist von Schlippe/Jochen Schweitzer: Lehrbuch der systemischen Therapie und Beratung Teil 1, Vandenhoeck & Ruprecht Verlag, 2013, S. 31.

[30] Rüdiger Dahlke: Krankheit als Symbol, Bertelsmann Verlag, 1996, S. 27.

[31] David Servan-Schreiber: Die neue Medizin der Emotion, Antje Kunstmann Verlag, 2004, S. 20.

[32] Psychologie Heute, Heft 7, 1998.

[33] Zeitschrift Manager Seminare, Heft 84, März 2005.

[34] http://www.zitate-aphorismen.de/zitate/suche/heisenberg/ /10, Zugriff am: 20.1.2015.

[35] http://www.zitate.de/autor/D%C3%BCrr,+Hans-Peter, Zugriff am: 16.4.2015.

[36] Markolf H. Niemz: Sinn: Ein Physiker verknüpft Erkenntnis mit Liebe, Kreuz Verlag, 2013, S. 55.

[37] Fei Long: Quantenheilung leicht gemacht, Goldmann Verlag,

2013, S. 81.

[38] Gerhard Hüter: Was wir sind uns was wir sein können, Fischer Verlag, 2013.

[39] Vgl.: https://www.youtube.com/watch?v=zW1U-JUl7tg, Zugriff am: 24.3.2015.

[40] David Servan-Schreiber: Die neue Medizin der Emotion, Antje Kunstmann Verlag, 2004, S. 41.

[41] David Servan-Schreiber: Die neue Medizin der Emotion, Antje Kunstmann Verlag, 2004, S. 41.

[42] Cesar Millan: Tipps vom Hundeflüsterer, Goldmann Verlag, 2007, S. 88.

[43] Joachim Bauer: Warum ich fühle was du fühlst, Heyne Verlag, 2006, S. 172.

[44] Joachim Bauer: Das Gedächtnis des Körpers, Piper Verlag, 2004, S. 45.

[45] Rupert Sheldrake: Der siebte Sinn der Tiere, Fischer Verlag, 2007, S. 148

Empfehlenswerte Literatur

Mensch und Hund

Eric H. W. Aldington: Von der Seele des Hundes: Wesen, Psychologie und Verhaltensweisen des Hundes, Kynos Verlag, 2008

Thomas Baumann: ... damit wir uns verstehen. Die Erziehung des Familienhundes, Baumann-Mühle-Verlag, 2003

Günther Bloch, Elli H. Radinger: Wölfisch für Hundehalter: Von Alpha, Dominanz und anderen populären Irrtümern, Kosmos Verlag, 2010

Günther Bloch, Elli H. Radinger: Affe trifft Wolf: Dominieren statt kooperieren? Die Mensch-Hund-Beziehung, Kosmos Verlag, 2012

Shaun Ellis: Der mit den Wölfen lebt, Goldmann Verlag, 2012

Dorit Urd Feddersen-Petersen: Ausdrucksverhalten beim Hund: Mimik und Körpersprache, Kommunikation und Verständigung, Kosmos Verlag, 2008

Dorit Urd Feddersen-Petersen: Hundepsychologie: Sozialverhalten und Wesen, Emotionen und Individualität, Kosmos Verlag, 2004

Hans-Ulrich Grimm: Katzen würden Mäuse kaufen: Schwarzbuch Tierfutter, Heyne Verlag, 2009

Maria Hense: Der hyperaktive Hund, animal learn Verlag, 2010

Henry Julius, Andrea Beetz, Kurt Kotrschal, Dennis C.

Turner, Kerstin Uvnäs-Moberg: Bindung zu Tieren: Psychlogische und neurobiologische Grundlagen tiergestützter Interventionen, Hogrefe Verlag, 2014

Cesar Millan: Cesar Millans Welpenschule: Die richtige Hundeerziehung von Anfang an, Goldmann Verlag, 2013

Cesar Millan: Du bist der Rudelführer: Wie Sie die Erfahrungen des Hundeflüsterers für sich und Ihren Hund nutzen, Goldmann Verlag 2013

Cesar Millan: Tipps vom Hundeflüsterer: Einfache Maßnahmen für die gelungene Beziehung zwischen Mensch und Hund, Goldmann Verlag, 2009

James O´Heare: Das Aggressionsverhalten des Hundes: Ein Arbeitsbuch, animal learn Verlag, 2003

James O´Heare: Die Neuropsychologie des Hundes, animal learn Verlag, 2009

Sophie Strodtbeck, Uwe Borchert, Debra Bardowicks: Hilfe mein Hund ist in der Pubertät!: Entspannt durch wilde Zeiten, Gräfe und Unzer Verlag, 2013

Erik Zimen: Der Hund: Abstammung - Verhalten - Mensch und Hund, Goldmann Verlag, 2010

Beate Zimmermann: Schilddrüse und Verhalten: Schilddrüsenunterfunktion beim Hund, MenschHund! Verlag, 2012

Ganzheitliche Betrachtungsweisen / Psychologie

Ivan Boszormenyi-Nagy, Geraldine M Spark: Unsichtbare Bindungen: : Die Dynamik familiärer Systeme, Klett-Cotta Verlag, 2013

Rüdiger Dahlke: Krankheit als Chance: Ganzheitliche Wege zur Selbstheilung, Gräfe und Unzer Verlag , 2014

Rüdiger Dahlke: Krankheit als Symbol: Ein Handbuch der Psychosomatik. Symptome, Be-Deutung, Einlösung, C. Bertelsmann Verlag, 2014

Louise L. Hay: Wahre Kraft kommt von innen!, Allegria verlag, 2013

Louise L. Hay: Gesundheit für Körper und Seele, Allegria Verlag, 2013

Peter Klein und Sigrid Limberg-Strohmaier: Das Aufstellungsbuch: Familienaufstellung, Organisationsaufstellung und neueste Entwicklungen, Braumüller Lesethek, 2012

Michael König: Der kleine Quantentempel - Selbstheilung mit der modernen Physik, Scorpio Verlag, 2011

Veit Lindau: Heirate dich selbst: Wie radikale Selbstliebe unser Leben revolutioniert, Kailash Verlag, 2013

Fei Long: Quantenheilung leicht gemacht: Wie sie funktioniert, wie sie wirkt, wie man sie jetzt anwendet, Goldmann Verlag, 2013

Bertold Ulsamer: Ohne Wurzeln keine Flügel. Die systemische Therapie von Bert Hellinger, Goldmann Verlag, 1999

Richard Rohr, Andreas Ebert: Das Enneagramm: Die 9 Gesichter der Seele, Claudius Verlag, 2013

Franz Ruppert: Trauma, Bindung und Familienstellen. Seelische Verletzungen verstehen und heilen, Klett-Cotta Verlag, 2015

Thomas Schäfer: Wenn der Körper Signale gibt: Wege zur Gesundheit durch Familienaufstellungen, MenSana Verlag, 2012

Rosina Sonnenschmidt: Das Tier im Familiensystem. Psychologischer Leitfaden für Tierarzt und Tierhalter, Sonntag Verlag, 2003

Rosina Sonnenschmidt: Systemische Tieraufstellung: Psychologischer Leitfaden für Tiertherapeuten und Tierhalter, Sonntag Verlag, 2009

Arist von Schlippe, Jochen Schweitzer: Lehrbuch der systemischen Therapie und Beratung I: Das Grundlagenwissen, Vandenhoeck & Ruprecht Verlag, 2013

Michael Winterhoff: Lasst Kinder wieder Kinder sein!: Oder: Die Rückkehr zur Intuition, Goldmann Verlag, 2013

Michael Winterhoff: Warum unsere Kinder Tyrannen werden: Oder: Die Abschaffung der Kindheit, Goldmann Verlag, 2009

Interessante Erkenntnisse in Forschung und Wissenschaft

Joachim Bauer: Das Gedächtnis des Körpers: Wie Beziehungen und Lebensstile unsere Gene steuern

Joachim Bauer: Warum ich fühle, was du fühlst: Intuitive Kommunikation und das Geheimnis der Spiegelneurone, Heyne Verlag, 2006

Rhonda Byrne: The Secret - Das Geheimnis, Arkana Verlag, 2007

Antonio R. Damasio: Der Spinoza-Effekt: Wie Gefühle

unser Leben bestimmen, List Verlag, 2004

Gerald Hüther: Etwas mehr Hirn, bitte: Eine Einladung zur Wiederentdeckung der Freude am eigenen Denken und der Lust am gemeinsamen Gestalten, Vandenhoeck & Ruprecht Verlag, 2015

Gerhard Hüter: Was wir sind und was wir sein könnten: Ein neurobiologischer Mutmacher, Fischer Verlag, 2013

Markolf H. Niemz: Sinn: Ein Physiker verknüpft Erkenntnis mit Liebe, Kreuz Verlag, 2013

Giacomo Rizzolatti, Corrado Sinigaglia: Empathie und Spiegelneurone: Die biologische Basis des Mitgefühls, Suhrkamp Verlag, 2008

David Servan-Schreiber: Die Neue Medizin der Emotionen: Stress, Angst, Depression: - Gesund werden ohne Medikamente, Goldmann Verlag, 2006

Rupert Sheldrake: Das Gedächtnis der Natur: Das Geheimnis der Entstehung der Formen, Scherz Verlag, 2011

Rupert Sheldrake: Der siebte Sinn der Tiere: Warum Ihre Katze weiß, wann Sie nach Hause kommen und andere bisher unerklärte Fähigkeiten der Tiere, Fischer Verlag, 2007

Empfehlenswerte Web-Links

Mensch und Hund

Eine Studie vom Freiberger Institut für tiergestützte Therapie über den Zusammenhang zwischen Persönlichkeit und Bindungsstil des Hundehalters und seiner selbsteingeschätzten Gesundheit:
www.tiere-begleiten-leben.de/fileadmin/medien/tiere-begleiten-leben/Forschung/Forschungbericht_7_Bindungsstil_Gesundheit_Hundehalter.pdf

Die Mensch-Hund-Beziehung aus wissenschaftlicher Perspektive: Interview mit Àdám Miklósi in der Hundezeitschrift Sitz Platz Fuss:
www.sitzplatzfuss.com/wp-content/uploads/2012/12/SPF_1_Beziehung.pdf

Àdám Miklósi: Eine klassische „Beziehungskiste?", Wuff-Hundemagazin:
www.wuff.de/artikel.php?artikel_id=276

Der missverstandene Hund, Blog der Faz.Net:
http://blogs.faz.net/tierleben/2015/03/17/der-missverstandene-hund-681

Hunde können unsere Absichten an den Augen ablesen, Online-Bericht aus Die Welt:
www.welt.de/wissenschaft/article13799857/Hunde-koennen-unsere-Absichten-an-den-Augen-ablesen.html

Informatives zum Thema Rudelstellungen:
www.rudelstellungen-klargestellt.de

Ganzheitliche Betrachtungsweisen / Psychologie

Allgemeine Informationen zum Enneagramm:
www.enneagramm.de/enneagramm.php?aktion=wasist

Online-Test zum Enneagramm:
www.eclecticenergies.com/deutsch/enneagramm/einfuehrung.php

Interessante Erkenntnisse in Forschung und Wissenschaft

Mind and Life Projekt: Buddhisten und Wissenschaftler im Dialog:
www.tibet.de/aktuelle-seiten/mind-and-life-buddhisten-und-wissenschaftler-im-dialog.html

Gerald Hüther über die Fehler in unserem Schulsystem:
www.youtube.com/watch?v=FmbCgaLAQiU

Gerald Hüther: Glücksgefühle
www.youtube.com/watch?v=zW1U-JUl7tg

Gerald Hüther: Belohnung ist genauso falsch wie Bestrafung
www.youtube.com/watch?v=shh31MTUL3M

Über die Autorin

Als Inhaberin einer ganzheitlichen Hundeschule in NRW (www.hundehalterberatung.eu) helfe ich Menschen und ihren Hunden meist im Bereich der Verhaltensauffälligkeiten. Die Anliegen gehen von überschaubarem „Der Hund zieht an der Leine" bis zu „Der Hund hat in der und der Situation schon Menschen /und oder Hunde gebissen", sowie die ganze Bandbreite dazwischen.
Ich biete für Hundehalter unter anderem Einzeltraining, Gruppentraining und Seminare zum Thema Führung von Hunden, Longieren und zu den Themen Seelenspiegel und Energiearbeit an.
Als Inhaberin der Firma Kompass der Seele (www.kompassderseele.de) berate ich außerdem Menschen ohne Tier (oder Auffälligkeiten der Tiere) zu vielen Themen und Anliegen, bei denen Menschen Unterstützung möchten. Bei meiner Arbeit nutze ich systemisch-psychologische Beratung, Familienaufstellungen und auch die sogenannte „Quantenheilung" sowie einige Aspekte aus anderen Bereichen.
Zum Zeitpunkt der Entstehung dieses Buches befinde ich mich im Studium zur Heilpraktikerin für Psychotherapie, das ich in einigen Monaten abschließen werde. Mein Wissen und meine Erfahrungen erweitern sich dabei um sehr viele Aspekte, die ich hilfreich in meine Beratungen einfließen lasse.